IKEA
的真相

藏在沙發、蠟燭與馬桶刷背後的祕密

SANNINGEN OM IKEA

Johan Stenebo
約拿・史丹納柏 著 陳琇玲 譯

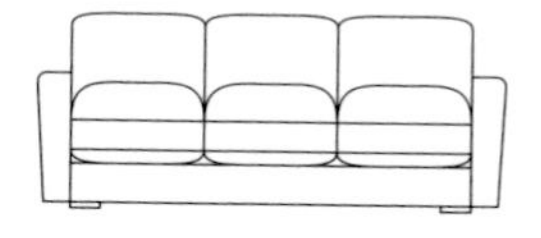

目次

Part 2 藍色高牆內

Part 3 IKEA的未來

作者序

二十年的經驗分享

在IKEA待了漫長的二十年後，我在二〇〇九年新年那段期間離職。沒想到離職後，以前待在IKEA工作的那些回憶卻不時浮現腦海。透過這本書，我希望分享自己在IKEA權力核心長達二十年的親身經驗。

這本書能付梓問世，要感謝Stefan、Maria和Madeleine等人的協助，以及我在零售工廠公司（Retail Factory AB）的同事Mikael Bragd和Göran Swedérus，沒有他們的指教和協助，我一個人根本沒辦法完成這本書。另外，我要特別感謝我的編輯Björn Öberg和Susanne af Klercker幫我順稿，感謝律師Dan Engström不吝惠賜意見，同時也向Mork-man公司的Martin Jonsson及Ola Mork致謝。最後要感謝Forma出版集團的編輯同仁，讓這本書能在很短的時間內出版問世。

Part I　瑞典經營之神坎普拉

第1章

全世界最神祕的公司

一個「IKEA 人」的近距離觀察

看到人事部門那位小個子男士出來招呼我，我確定，自己對 IKEA 員工的偏見全是對的。

這位老兄嘴裡嚼著 snus 口含菸，弄得滿口黃牙，腳上蹬著一雙黑色木底鞋，上半身是海軍藍寬領襯衫加吊帶，下半身是不太合身的棕褐色燈芯絨長褲。在雅痞風盛行的一九八〇年代末，這種穿著實在很突兀。當時，雙排釦寬領西裝搭配色彩鮮豔的領帶，是所有企業員工的必備裝束，不管擔任什麼職務，大家幾乎人手一套。

但顯然，IKEA 不是這樣，我坐在會議室時心裡這麼想。

這位老兄的工作，就是拿表格給我填，用拍立得相機幫我拍照，然後問我一些基本問題，可能是想在初期階段先篩選掉一些不適任人選。當我被通知到 IKEA 位於瑞典赫爾新堡（Helsingborg）的總部時，為了配合這家公司的風格，還特別把雙排釦西裝擺在家裡，一身樸實打扮前來。但是跟站在我面前的老兄相比，我這身穿著還是太講究了，說實在的，我還真吃了一驚。

我本來在瑞典知名零售業者奧倫斯（Åhlén）上班，未婚妻伊娃看到了IKEA在瑞典報紙《每日新聞》（*Dagens Nyheter*）所刊登的求才廣告：「招募一九九〇年代的關鍵人才」，之後就老在我耳邊用她那特有的南部達拉納省口音叨絮個沒完，我只好心不甘情不願的，用老爸那台ＩＢＭ打好履歷表寄出去。

我生長在瑞典東部的烏普沙拉（Uppsala），我這個世代所崇拜的財經偶像，是像電影《華爾街》（*Wall Street*）主角葛登．蓋柯（Gordon Gekko）那樣的傳奇人物，而不是IKEA創辦人坎普拉（Ingvar Kamprad）。在那個年代，談起創業這件事，會讓人想到開蔬果店，沒什麼了不起。對我這個世代的年輕小伙子來說，公司配車、俐落西服、體面打扮，遠比木底鞋和一嘴菸草更有吸引力。換句話說，即使寄了履歷表，對於要到IKEA上班這檔子事，我還是興趣缺缺。

「你竟然會那樣寫？」安德斯．莫伯格（Anders Moberg）拿著我的履歷表坐到我對面，邊拍大腿邊笑著說。「我的經濟學是班上最高分，不過，我也是個謙虛的人。」他一邊嚼著口含菸，一邊笑著引述我在履歷表上的文字。

莫伯格是當時 IKEA 的執行長，他走進會議室自我介紹時，當然把我嚇壞了。不過一切發生得那麼突然，我根本沒有時間緊張。這位身材魁梧的男士，年紀大約三十出頭，長相出眾，笑容具感染力，一進到會議室裡就展現出個人魅力。

他問我一些問題，其中以「你認為零售業要成功，需要具備什麼條件？」這個問題最難回答。我的回答是：一家零售業的競爭力，取決於物流做得好不好。當時也是面試主管之一的人事經理恩奎斯特（Jan-Eric Engqvist），後來告訴我，我是莫伯格從幾千名應徵者中親自挑選出來的。

接著，整個面試過程始終嚼著菸草並面帶微笑的莫伯格，突然又開口說話了。他把頭側向一邊，身體前傾並看著我。

「嘿，你這傢伙好像很行，我們就派你去德國吧。」

聽他這麼說，當時的我根本不知道究竟是好消息還是壞消息，不過，很清楚的是，我已經被選上了。

「這樣吧，恩奎斯特，」莫伯格對恩奎斯特說：「約拿可不可以不要替安德斯工作？」他指的是安德斯・達爾維格（Anders Dahlvig），當時他是莫伯格和坎普拉的共同助理。達爾維格後來接替莫伯格成為 IKEA 執行長，在位十年後，於二〇〇九年八月三十一日離職。

這本書，是我的近距離觀察心得

這，就是我在IKEA二十年事業生涯的序幕，讓我能以局內人的身分，第一線目睹IKEA的驚人成功，只是當時的我並不知道。

我在IKEA工作的二十年間，這家公司的年營業額從二百五十億瑞典克朗（約新台幣一千一百億元），成長到二千五百億；員工人數從三萬增加到十五萬人；原本分店集中在北歐地區，後來遍及全球各地，分店數目也從七十家增加到超過二百五十家。這是其他企業所無法超越的擴張與成就，IKEA的發展史，無疑是現代瑞典最偉大的企業傳奇。

我在IKEA擔任過不同職務，有幸能目睹並為這獨特的成功做出貢獻，在這二十年內，我做過德國瓦勞（Wallau）分店家具經理、瑞典赫爾辛堡業務部的客廳業務主管、英國里茲（Leeds）分店的專案經理及店經理；後來也擔任瑞典阿姆胡特（Älmhult）IKEA總公司收納、影音設備暨餐廳家具主管，以及瑞典倫德（Lund）宜家綠能科技公司（IKEA Green Tech AB）執行長。我在一九九〇年代中期有三年時間，接手達爾維格的工作，擔任創辦人坎普拉和執行長莫伯格的共同助理，與他們兩位密切共事，有時候根本是夜以繼日地不停工作。

在這段期間，我也在集團內部負責環境議題、公關業務和內外溝通。

在這些年當中，我對 IKEA 有深入的了解，也越來越了解創辦人坎普拉的個性。我從內部近距離觀察 IKEA 如何崛起，躍升為全球家具市場中最閃亮的明星。這本書寫的，就是我這二十年來對 IKEA 的觀察。

我為什麼要寫一本關於老東家的書？

這是個好問題。因為我曾受到不當對待，所以心生怨恨？還是因為我貪圖版稅，希望這本書賣得好？

都不是。我之所以要寫這本書，只因為有一些關於這家公司的事，讓我很想與大家分享。

離開 IKEA 後，我開始思考自己過去這二十年的事業生涯。我回想起這期間經歷的成功與挫敗、一起相處的同事們，還有公務出差時足跡所至、先前連聽都沒聽過的地點。我漸漸開始擺脫坎普拉講的「IKEA 家族」成員觀點，以不同觀點看待這家公司。對我來說，今天 IKEA 的形象，已經跟過去截然不同了，我知道，自己必須把這段親身經驗寫下來。

| 第2章 |

納粹，酒鬼，經營之神

揭開創辦人坎普拉的真面目

關於IKEA及其驚人的成功史，報章雜誌和書籍都已長篇累牘地報導過；IKEA甚至成為大學生必須深入探討的企業個案，很多人都在設法解答IKEA為何如此成功。

我當然知道讓這家公司日漸強大的原因所在，在IKEA各部門工作二十年後，讓我對這家公司有更清楚的了解。在這段期間內，我看到IKEA出現重大進展，也目睹IKEA經歷可怕的挫敗。

「簡單是一種美德。」這是坎普拉常掛在嘴上的一句話。這句話，正是IKEA成功發展史的關鍵。坎普拉訓誡大家，只有平庸的人，才會提出複雜的解決方案。借用這句話，我們來檢視IKEA現象：對IKEA而言，影響最大的因素是什麼呢？有沒有最「簡單」的答案？

有。首先，當然是能力超強的創辦人坎普拉，

IKEA的大多數決策都是由他所創；其次則是由坎普拉團隊所建立並臻至完美的「IKEA機制」——涵蓋了從森林到顧客在內的全球價值鏈；最後，則是坎普拉打造的強勢企業文化，讓IKEA這部機器能在最快速度下精準運作。

接下來，我們將逐一檢視影響IKEA的這三大因素。我們就從坎普拉現象開始講起吧。要了解IKEA，當然要了解這個集團的創辦人，他是誰？真的有必要了解他嗎？

這秘密，終於曝光了……

時間：一九九四年十一月

地點：丹麥赫爾辛格南部漢勒貝克（Humlebæk）的寇勒斯莊園

寇勒斯莊園（Kölles Gård）是一棟相當漂亮的建築物，外觀跟丹麥東部歐倫遜海峽附近迷人景點的旅館相仿。坎普拉在一九七〇年代期間為了避稅，從瑞典搬到丹麥時買下這座莊園。最近這十幾年來，這座莊園成為IKEA集團董事會的所在地。

午後陽光漸漸褪去，夕陽西下，夜幕低垂，晚秋的寒冷海風吹過寇勒斯莊園和周遭綠地，山毛櫸落葉在風中四處飛舞。唯一不尋常的是，莊園樹籬外停滿了一排又一排的汽車。IKEA 集團外，擠滿了引領守候的記者，密切注意莊園內的任何動靜。攝影師拿著有手臂那麼長的鏡頭，對準寇勒斯莊園的一扇扇窗戶，閃光燈此起彼落，把這棟建築物正面照成杏黃色。除了幾扇窗戶露出燈光，其他地方一片漆黑，猶如被廢棄的莊園。

在莊園內溫暖的房間裡，IKEA 集團執行長莫伯格一如往常般冷靜，但他煞白的臉透露出整個情況的嚴重性。集團董事在會議桌旁排排坐，大家必須討論出一個明確的立場，解決眼前面臨的危機。幾天前，根本沒人料到會發生這種事。

想都沒想到的事，真的發生了：IKEA 創辦人坎普拉，被指控曾是納粹支持者；在一九四〇到五〇年代期間，還曾是瑞典新納粹主義運動的成員。

坎普拉跟助理史塔芬．傑普森（Staffan Jeppsson）在另一個房間裡絞盡腦汁，極力想突破困境。瑞典《快訊報》（*Expressen*）對這條獨家新聞火力全開，其他媒體馬上跟進，情勢如野火燎原般燒遍了全世界。

「要是局面失控，坎普拉無法處理，我們只有一條路可走。」這段話在空氣中迴盪，莫伯格與 IKEA 領導團隊所聚集的房間裡，氣氛凝重。

「要是坎普拉不能盡快找出解決辦法，情勢又沒辦法平息下來，那麼 IKEA 只好斷然跟坎普拉畫清界線。」

有人開了第一槍，情勢似乎無法逆轉。

這是事後我從莫伯格的轉述中得知的，但我不知道發難者是誰。看看上面那段話的最後一句，再想想它的意涵，整件事再清楚不過了：大家都同意，坎普拉跟 IKEA 不能畫上等號，儘管這位創辦人對公司的發展舉足輕重，但還是不及公司重要。要是坎普拉嚴重威脅到自己一手創辦的公司，就該走人。

就在這時，坎普拉本人的態度有了一百八十度的大轉變：他決定公開全部事實，坦承一切並請求大家諒解，尤其是請求猶太裔同仁的寬恕，整件事也因此告一段落。坎普拉這位眾望所歸的大人物，憑藉自己能言善道的本領，最後安度難關。這件事也成了教科書的經典個案，讓全球媒體與學校津津樂道了好一陣子。

想盡辦法，讓自己看起來不是什麼厲害角色

很多人都好奇，究竟是什麼促使坎普拉不斷往前邁進？是什麼動力，讓他如此鞭策自己？答案是：他天性如此。

官方說法是，坎普拉喜歡向世人證明「漂亮的家具，未必得價格昂貴」。其實，這種說法根本是對坎普拉的嚴重誤解，講難聽點，是扭曲事實。基本上，坎普拉迫切需要受到肯定，這就是驅使他努力不懈的動力。他想向周遭的人以及自己證明，沒有什麼事是不可能的。

跟他共事過的人就知道，他總是一次又一次地讓別人認為他「還不夠好」。從他做事情的方式，就能明顯看出這一點。坎普拉不是很在意媒體上知名設計家的評論，相反的，他會從基層觀點出發，由下而上制定策略，並建立IKEA的企業文化。他認為，IKEA絕不該自吹自擂，而是要讓經營成績來說話。他不斷讓外界認為，他反應遲鈍、會酗酒，而且有讀寫障礙，總之，讓自己看起來不是什麼厲害角色。

坎普拉跟我說過，他只有一位好友，是個瑞士人，兩人偶爾會一起出遊。但對我——以及一般人——來說，他口中的那位「好友」，充其量只能算是普通朋友，因為他跟那位好友既不常見面，也不太親近。除了家人以外，坎普拉平常往來的，幾乎都是工作夥伴，也就是拿他薪水過活的人。這種沒什麼朋友的處境，更強化了坎普拉「不怎麼厲害」的印象。

然而，頂著成功的事業和榮譽博士學位的光環，周旋於瑞典名流沃倫柏格家族（the Wallenbergs）、媒體和政治人物之間，坎普拉其實相信自己很特別，簡直是天縱英才。他討厭看到公司的董事成為媒體寵兒，真正該成為媒體焦點的人是他，不是別人。這也就是為什麼莫伯格常會問我，到底該不該接受媒體採訪？會不會搶走坎普拉的鋒頭？坎普拉會怎麼想？只要有絲毫猶豫，莫伯格寧可婉謝採訪，也不想冒險激怒坎普拉。

我剛開始在漢勒貝克IKEA集團總部工作時，有一天，坎普拉剛好進辦公室。他平常不是到處出差，就是在瑞士陪伴家人，或是到他在法國買下的葡萄園度假，總之，他很少出現在辦公室。

那天，我看到莫伯格跟坎普拉打招呼，但莫伯格的表情卻很怪，平常的自信與堅決不見了，取而代之的是局促不安、幾近惶恐的神情，以及勉強擠出的笑容。看到這種情況，我整個人不寒而慄。如果連莫伯格這麼強勢的領導者，都得向坎普拉如此必恭必敬，那麼區區小助理的我，又該如何自處？此後的一年多，我對坎普拉更是唯命是從，絕對不敢造次。

後來我才漸漸明白，他一點也不可怕。事實上，正好相反。

什麼時候該聆聽，什麼時候該放手

時間：一九九六年初秋

地點：阿姆胡特市的布拉希潘（Blåsippan）

事件：瑞典IKEA舉辦的產品週，也就是所謂的IKEA日

身為坎普拉的助理，我跟著他參加過一場又一場的產品簡報。其中，「產品週」是全年度工作的高潮。創辦人會用兩至三小時的時間，做出年度結論。在這兩、三個小時內，通常是先由經理人負責簡報，然後由坎普拉判斷，產品構想是否可行。

「這是我這麼久以來，看過最荒謬的垃圾！怎會有這麼笨的人？這太讓人失望了，約拿。」

當時，坎普拉跟我一起目睹了那次「產品週」最大的敗筆。提報的這個小組，負責研究的是要如何協助消費者，在家中完成垃圾回收。結果，他們提出的構想，居然是「利用綠色桶子和白色桶子，而且是塑膠材質」。小組的簡報糟透了，短短幾分鐘的討論，他們提出的辯解反而越描越黑。最後，坎普拉只問了一些問題，並對建議材質提出看法，然後客氣地說聲謝謝，繼續聽下一場簡報。一直到我們坐上車，回程途中他才透露自己真正的感覺。

像這樣的場面，讓坎普拉的領導風格表露無遺。我從沒遇過像坎普拉這麼耐得住性子的人，也從沒遇過像他這樣精明的生意人。他很清楚人們怎麼看他，而且會以此做為借力使力的工具。他懂得如何聆聽，讓別人暢所欲言，即使說的話讓他不滿意，他還是會耐心聽完。他偶爾會提出自己的看法，有時則放手不管。有時候，提案只需要幾天，有時一拖就是好幾年。但是，他似乎清楚怎麼做能讓整個集團的營運不偏離正軌，而他自己必須在什麼時候、

以什麼方式干預決策流程。

比方說，經過長達三十年的討論，期間還中斷了好幾年的「系統家具」（Multipurpose system，簡稱 MPS）計畫，就是一個典型的例子。

其實早在一九七〇年代，坎普拉就已經提出這種系統家具的構想了，希望把廚房、浴室、臥房和客廳各種家飾的尺寸標準規格化。但一直到一九九六年，他才開始更積極推動落實。為什麼？因為當時 IKEA 剛經歷一次重大改組，原本負責產品線和採購作業的「瑞典 IKEA」（IKEA of Sweden，簡稱 IoS），成為公司的權力中心；負責 IoS 的人，也成為新的領導班子。一些表現不佳的經理人被迫離職，由內部資深經理人取而代之。坎普拉想利用系統家具的計畫，來測試這批新領導班子的能耐。

類似的情況也發生在一九九五年。當時，坎普拉想找中國製造商，來生產全新的燈具系列。他鼓勵底下的人（在當時，清一色都是男性）更積極去中國尋找真正節能又廉價的燈泡。最後，他們果然找到一款比競爭對手便宜九成的燈泡，為 IKEA 的成功事蹟再添佳話。

這就是坎普拉常做的事：跟部屬一起討論、提問並傾聽，有時甚至擺低姿態地懇求：「各位真是聰明，可否請問一下，這麼做的可行性……」

我很確定，坎普拉提出的問題當中，有很多他其實心裡早有答案，甚至早就知道應該去找哪些供應商，但他那莫測高深的臉卻完全不動聲色。這麼一來，當任務完成後，這些經理人就會因為「自己」克服了難題、產品大賣，而很有成就感，並且信心倍增。

乍看之下，對於想成為注意焦點，尤其是媒體焦點的坎普拉來說，如此大方對待下屬似乎很奇怪。不過，坎普拉城府很深，又充滿矛盾，要真正了解他，本來就不容易。通常，坎普拉會提出構想，然後激勵IKEA重要產品線的同仁落實，接下來就不會插手後續的執行細節。因為他知道，如果用人得當，最後至少會有一些構想能成真。

他常做的另一件事情（尤其是在審視產品線時），就是開玩笑挖苦人。不過，他最常挖苦的，是他自己。在大多數情況下，他不致失禮，只是想製造一種歡樂氣氛。儘管不是每個人都能理解他那種讓人受不了的挖苦語氣，但多數人都會覺得他很幽默。

有一次，坎普拉跟二十幾個人討論一個案子，他有個問題想找個人來問。「伯斯，伯斯呢？」坎普拉大聲問。

在大家——包括伯斯自己——還沒來得及回應前，坎普拉接著自言自語起來：「他該不會是溜回家了吧？」

一如平常，這句玩笑話引來了一陣笑聲。在伯斯回應他之後，他不改他愛演的本色：「哦，親愛的伯斯，原來你還在啊，真是辛苦了！你看，我們正好談起你呢！」

當他身邊只有我一個人時，他講起話來更毒。例如有一次，一位資深的產品開發人員向坎普拉做簡報，介紹一款他自認為獨具創意的咖啡桌。簡報結束，同事們都離開後，顯然對咖啡桌很不滿意的坎普拉對我說：「約拿啊，剛才的簡報我認為唯一有看頭的，是這傢伙的鬍子。」

這種語帶挖苦的幽默感，是坎普拉領導風格的另一個面向。但他只會在少數人——通常是在布拉希潘那夥人——面前展現這一面，跟重要的經理人開策略採購會議時，這位精明的老先生絕不會這樣做。

如果有必要，他可以推翻自己說過的話

在關鍵時候，坎普拉也會使計，挖洞給產品開發人員、經理人和採購策略人員自己跳。例如，當大家才剛討論好某項新產品計畫時，坎普拉會突然問道：「那聖誕節前，你們什麼時候能把新產品線搞定？」

坎普拉這種手法屢試不爽，同事們往往衝動承諾了之後，才發現自己上當了。通常，產品週是在每年九月初舉辦，而討論出來的新產品線得花兩至三年時間開發；換句話說，坎普

拉的不合理要求，等於讓產品開發小組得在幾個月的時間內，完成原本得花幾年工夫的任務。當時在場的人都明白，坎普拉這種問法不是耍幽默，而是在展現他有多麼精明。

何況，要是IKEA的產品團隊不中計，沒有理會坎普拉的要求，接下來一定會聽到坎普拉以瑞典家鄉史馬蘭（Småland）腔冷冷地說：「喔，原來人類已經有能力登陸月球，而你們卻連一個價格不到五瑞典克朗（相當於新台幣二二・四元）的咖啡杯都生產不出來……」

說到開會時的各種硬拗技巧，坎普拉可是樂此不疲，而且耍得爐火純青。對於IKEA的大小事——材料、價格、生產、原物料、產品線、設計到商業管理等瑣碎細節，他都再清楚

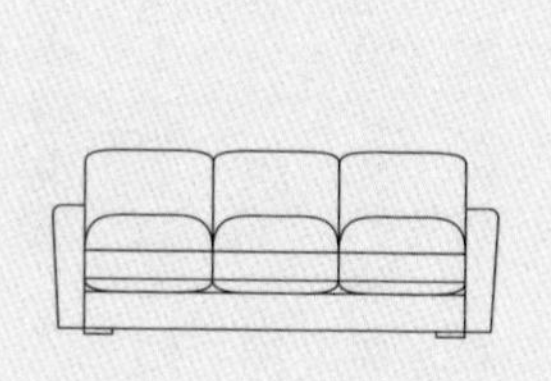

你老是在開會嗎？

當一個組織老是在開會，通常就是因為負責做決定的人，不願意或沒有能力負責，才會造成這種結果。「民主」、「多聽聽意見」，只是這種人經常使用的藉口。

我們每個人都有權利，但也有該盡的職責。這是一種「負責任的自由」。

～摘自〈一位家具商的誓約〉

不過。他可以巧妙地從玻璃品質的細節講起，再到原物料和價格，最後談到決定產品線與採購的小組策略；然後再循著原路回頭走一遍。坎普拉可以在細節和大策略之間來回討論，這是無人能及的本領。七十年來所累積的知識與經驗，總是讓他在開會時成功地主導會議走向。有時候，他會明確地為自己的觀點辯護，故意激怒與會者；接著在下次會議中，卻可能無預警地突然改變立場，只因為他想聽聽不同的聲音。

如果會議上有人不為所動、難以說服，坎普拉就會直接把問題丟回去給其他人，讓討論持續好幾個小時，搞得每個人不是快累昏了，就是想上廁所或餓到不行，除了坎普拉。他會好整以暇地把兩手放在肚子上，拇指不停畫圈，嘴裡嚼著口含菸，全身上下充滿菸味。他傾聽、提問、辯護，然後扭轉情勢。即使討論白熱化，或有人堅決反對他的意見，他也從來不發火，不曾因此而亂了頭緒。

他驚人的記憶力，儲存著每一場討論、有哪些人出席及會議結果，甚至依據不同事業別，把內容逐字記住。就拿產品週來說，他不僅記得每個開會者的名字，還知道這些人的背景，清楚他們的底細，哪個人的名聲如何他都一清二楚。有好幾次，我就親耳聽見他逐字引述幾年前的開會內容。像他這種日理萬機的人，參加過的會議不下數千場，竟然有辦法講出多年前的會議內容，實在令人不得不佩服。

這就是坎普拉的領導天賦，也是他之所以能長期掌控 IKEA 的原因。儘管他一整年下來，只有在產品週時才跟多數人碰面，但是這家公司還是會照著他想要的方向發展，也許不是百分之百符合他的期望，但至少是往對的方向前進。

用超低價誘惑消費者的「熱狗策略」

IKEA 的採購，是坎普拉親自掌控的。他會走訪最重要的生產區，直接到工廠現場巡視 IKEA 的員工和供應商。每年幾次出訪之後，他就會針對採購策略和產品投資做出決定。

IKEA 的「採購策略會議」，是由集團的執行長擔任主席，出席者除了坎普拉與三個兒子——彼德（Peter）、約納斯（Jonas）和馬第亞斯（Mathias）外，還包括瑞典 IKEA 負責人——也就是集團董事長外的第二把交椅——索比揚·洛夫（Torbjörn Lööf）、IKEA 現任採購主管亨瑞克·艾爾姆（Henrik Elm）跟他的直屬上司，即負責 IKEA 整個價值鏈的葛蘭·史塔克（Göran Stark），還有旗下製造商史威武公司（Swedwood AB）董事長布魯諾·溫柏格（Bruno Winborg）也會參加。

會議上，將會檢視所有與採購有關的決策，包括原物料價格、產品的開發與生產，以及不同地區的重要趨勢等，並由採購人員、採購策略人員或負責某個營運據點的同事做簡報。也就是說，參與會議的不只是董事層級人員，而是開放給最懂木材採購的人員與專家，請他們以白板、Powerpoint 等各種方式，說明他們的看法和建議。

在這種專門負責採購的小組中，坎普拉的主導性更強。他會以過人的記憶力與驚人的速度，說出原物料的價格和匯率，將木材的度量單位轉換為鋸成膠接合面的度量單位（也就是立方公尺），並迅速將波蘭幣轉換成美元或瑞典克朗。

舉例來說，一批在俄羅斯當地鋸好的松木，先運到波蘭經過膠合及加工處理後，再送到瑞典賣場，要花多少錢？坎普拉可以在幾秒內，就憑記憶告訴你答案。這當中，至少包含三種幣別的轉換，不但要知道最新的匯率，還要清楚四個邊界之間的運送途徑和價格，以及三種不同生產作業，還有俄羅斯和波蘭的勞力狀況與工資成本，再加上木材加工處理各個階段的費用。就算請最精明能幹的林務人員進行同樣的計算，也得要好幾個小時才能算出答案。

我要講的是：不只有木材，當我們討論到玻璃、棉花、塑膠顆粒、石油價格或白銀價格時，坎普拉也能做出同樣精準的計算。他似乎對所有原物料和流程都很在行，也對跟 IKEA 直接或間接相關的市場結構瞭若指掌。這種情況我看過很多次，每次都還是讓我驚訝不已。坎普拉展現這種本領不是為了炫耀，而是要讓會議進行得更有效率，並且往正確的方向推進。

只要是對採購、物流和生產有用的每件事，坎普拉都有某種——套用他自己的說法——經驗法則。這些經驗法則，都是長期向他所信任的專家（通常是因為這些人知識淵博且有話直說）請益之後，所累積出來的。比方說：烏克蘭地區每畝地能種多少棵樹，從一棵山櫸木可取得多少平方公尺的山櫸木薄片等等。

「熱狗策略」是坎普拉經驗法則的另一個實例。坎普拉認為，每一種產品線都要有價格令人驚豔的產品。所以 IKEA 的超低價產品價格，都在五到十瑞典克朗，也就是在新台幣二二．四元到四四．八元的價位之間——差不多就是一份熱狗的價錢，因此被暱稱為熱狗策略。

還有一條法則是這樣的：如果我們想在 IKEA 賣一個五瑞典克朗的咖啡杯，那麼就要算一算如何才能做到「一．五克朗付給工廠，一．五留給 IKEA，一．五拿去繳稅」。這樣的經驗法則看似簡單，其實正是 IKEA 超低價「熱狗策略」成功的關鍵，也是數以百計不同產品的設計、生產和採購的基礎，讓 IKEA 的對手束手無策。雖然說，這些 IKEA 的超低價產品，的確是以成本價回饋顧客，店面並沒有賺錢，但光是在採購和配銷過程中，IKEA 就已經賺一筆了。

跟其他會議相比，坎普拉在策略採購會議上講話確實更直接，批評力道也更強勁。不過，這種強勢作風還是少之又少，畢竟，他就是有辦法讓大多數事情照他所期望的方向發展。

明明已經有定見，卻裝作很民主

很多人都好奇，坎普拉究竟是怎樣管理一個如此龐大的集團？答案很簡單：以身作則，然後讓大家追隨。無論走到哪，他都會不厭其煩地一次又一次，重述他跟德國某家分店店長討論了什麼事，跟供應商的工廠主管說了什麼，又跟中國分店的同仁談了哪些內容。他就是有辦法，能很具體地引述同仁的意見、構想和問題。親臨火線的第一手資訊——到全球各地的分店和供應商巡視聽取意見，這種策略確實很管用。畢竟，如果意見是來自各地生產與銷售現場的人員反映，在阿姆胡特上班的產品開發人員能不服氣嗎？從產品價格、品質與功能，到整個產品線或物流，都可以運用這種策略解決。

而且，這種策略也讓坎普拉對整個價值鏈——從森林到賣場——有更深入的了解。因此，坎普拉能在一項產品線的初期階段就看出問題所在，知道問題出在哪個環節，並且及早解決。提早防微杜漸，就不至於讓公司損失慘重。透過這樣的策略，坎普拉有效地掌控從執行長以降的整個組織。

很多時候，坎普拉對於該怎麼做才對，心中早有定見。這時，他會視狀況而採用不同策略，獲得自己想要的結果。

最近發生的一個例子，就是他想在瑞典和芬蘭交界的哈帕蘭達（Haparanda）開設分店。坎普拉告訴我，哈帕蘭達當地一位很積極的社會民主黨議員向他提出開設分店的建議後，他當下就同意了。

但問題是，IKEA裡頭稍有分量的人幾乎沒人贊成在哈帕蘭德開分店。為了這個構想，坎普拉與瑞典IKEA的主管團隊見了幾次面。沒想到，這些主管居然教訓起這位高齡八十的老先生，告訴他這個構想有多離譜。他們認為，要開新分店，也應該選在離芬蘭邊界更遠的呂勒奧（Luleå）才對。我沒聽過有哪家公司的主管，會這麼直接反抗創辦人的心願。況且，呂勒奧分店的預估營業規模還不如哈帕蘭達。

這些年來，IKEA在全球各地面積較小的分店都曾有過慘痛的經驗，這些店面因為不敷使用，逼得公司得花上幾十億美元來擴店。因此，當坎普拉聽到要在呂勒奧開設規模小的分店時，當然不會太高興。

但，他在會議中還是不動聲色。因為他知道，斥責這些主管的後果禍福難料，一來，他怕大家以後會不敢提出相反意見，可能扼殺了好的創意；二來也可能會給這些主管錯誤示範，讓他們以為在IKEA，只要官大就可以大小聲。

「親愛的朋友，」他說：「你們就當幫老先生一個忙，在哈帕蘭德開間分店吧，規模還要越大越好！」他聰明地順水推舟利用了自己的年紀，言下之意是：「我可能沒有多少日子可活，你們就幫我完成最後的心願吧。」

了解坎普拉的人都知道，他不會就此罷手，而是運用其他策略來確保主事者會替他完成這個「最後心願」。例如，他會單獨找重要的主管來談談。「親愛的ＸＸＸ，你可以答應我嗎？」私底下，他跟每個人都這麼請託。畢竟，答應創辦人的事就要說到做到。坎普拉一離開，這些主管通常會立刻拿起電話，去向那些不開竅的人施壓。這些主管一個個位高權重，電話那頭的人，壓力之大可想而知。

結果呢？坎普拉當然是心願得償了。IKEA最後還是在哈帕蘭達開了一間標準的概念店，而且果然如他所預期的，這間分店營運得相當成功。因為獨具慧眼的坎普拉知道，當地的潛在市場高達幾百萬人，除了瑞典北部居民外，還有附近一帶的俄羅斯人、芬蘭人和挪威人。

請注意，一開始他的構想被否定後，他並不會覺得有失面子。相反的，他專注的是：如何做，才能達到目的，以及，怎樣才能讓IKEA更好，然後再據此擬定策略。對他而言，面子一點都不重要，只要有更好的想法，他隨時都樂於改變自己的主張。

為什麼地球上每一家 IKEA，長得都大同小異？

坎普拉勤於巡視分店，多年來，他每年平均要去四十五家分店。不過由於他年事已高，一家分店可能要花上一整天的時間，所以據我所知，在我寫這本書時已八十三歲的他，已經大幅縮減了這類親訪行程了。

勤於巡視的目的，當然是要了解產品在不同市場的銷售狀況，同時也看看不同分店如何處理產品。此外，他還有一個用意，那就是宣傳他的「好還要更好」的生意觀。

巡視分店是坎普拉的工作重心，也占了他最多的時間，因此他不難發現許多分店根本不把「做到最好」當回事。一九九〇年代初，他找了當時的執行長莫伯格，要他發布「莫伯格鐵律」通行全世界。莫伯格根本不想這麼做，因為依照慣例，不同國家的 IKEA 分店一直都擁有完全的自主權。儘管如此，在坎普拉的堅持下，莫伯格最後還是屈服了：在Ａ４大小的紙上，洋洋灑灑地列出了五十條左右的「莫伯格鐵律」。

分店家數不斷成長，店長的能力難免良莠不齊。「莫伯格鐵律」雖然無法全面提升店長的能力，卻能有效地改造部分分店。例如在北歐，IKEA 分店的布置顯得比以往寬敞明亮，顧客可以更容易地找到需要的商品——再也不用為了買幾個咖啡杯，逛完整個家具展場。而這，正是「莫伯格鐵律」的作用。

還有德國。一九九〇年代初，德國分店的銷售額占 IKEA 總銷售額的三分之一，所有陳列和賣場空間看起來就像羅馬的地下墓穴。狹長的走道旁是高聳的牆面，每逢週末，店裡總是萬頭攢動，擠得水洩不通，上門的顧客既餓又渴，還得憋尿。家具展場那條一．四公里的通道，似乎永遠走不完；有特賣會時更是可怕，擠爆賣場的人潮，為了吸一口新鮮的空氣，有時會推開緊急出口，弄得警鈴聲大作。

到了一九九〇年代中期，坎普拉認為 IKEA 分店應該採標準化作業，因此拿回了分店的自主權。他認為，IKEA 應該利用多年來的經驗制定一套標準，做為將來興建分店的依循準則。比方說，賣場內的餐廳，應該跟麥當勞看齊，而全球各地分店的外觀及商品的陳列方式，也應一併標準化；甚至連家具上的價格標示方式，也要統一。一九九〇年代後期，整個公司一直朝著這個方向轉變。當時包括我在內，很多人都不樂見分店的自主權被剝奪，但事實再次證明，坎普拉是對的。

現在，所有 IKEA 分店都得接受「商業審查」（Commercial Reviews）。這是公司總部針對分店所有相關部門進行的稽核，稽核內容包括家具展示、店內賣場、溝通、成本控制、安全措施、物流作業等等。每一件，都會拿來跟「最佳實務」——也就是公司所制定的標準化一一比較。審查要花上許多天才能完成，所有稽核人員都是各領域經驗老練的頂尖好手。我從來沒聽過有誰對這些稽核不滿，相反的，當瑞典卡勒瑞德（Kållered）分店在審查總分創下公司史上最高紀錄時，我也跟大家一樣很興奮。這家分店過去的審查總分一直吊車尾，能有這麼大的進步實在讓人高興。

反對推廣網購，付出慘痛代價

二〇〇八年，坎普拉再次動用他的否決權。這次，他反對IKEA投入網購行列。對IKEA來說，賣場家具都是龐然大物，利用網路購物在運送上就是一大問題。IKEA賣場展示幾千種商品，跟主要競爭對手的商品種類數目相比並不算多，對手提供的商品種類數目，通常是IKEA的兩或三倍。IKEA採用網購的瓶頸，在於這些體積龐大的物品要透過賣場通路出貨。

事實上，IKEA整個集團全都滿心期待，能有一個確實奏效的IKEA網購概念，這樣IKEA就可透過一個更有彈性的嶄新配銷鏈，展示店內商品並將商品運送到府。如此一來，IKEA全球許多分店就能擺脫人擠為患的窘境，許多人樂觀看待這項新科技的可能性。各種構想紛紛出籠，IKEA 也投入大筆資金進行測試。在美國，像 Target 等零售巨擘也開始進軍網購市場，鼓勵消費者造訪他們的網站。

但是，當達爾維格向董事會提議進軍網購市場時，卻碰了個大釘子。坎普拉在三個兒子的大力聲援下，向網路事業說不。他認為，若是造訪網站就能購買家具，分店來客數就會減少，銷售額也會跟著減少——畢竟，有很多東西顧客原本不知道自己需要，在店裡看到東西才產生購買欲望。

一九六五年時將 IVAR 組合櫃（原為車庫用松木層架）擺進 IKEA 客廳展區的連納特．艾克馬克（Lennart Ekmark）總是說：「最糟的事情是，坎普拉幾乎總是對的。」坎普拉的確擁有我們其他人沒有的洞察力，這點毫無疑問。但是關於投資網購市場一事，我可沒有聽到哪位同事認同他的看法。

遺憾的是，我認為這次坎普拉會對網購說「不」，全因年紀。坎普拉以往總是比同時代的人更有遠見，但這次顯然沒能跟上時代。

四年前，IKEA 在美國明尼蘇達州明尼亞波里斯（Minneapolis）開店。但是，美國 IKEA 似乎沒先察覺到，Target 的總部就設在明尼亞波里斯。Target 的規模是 IKEA 的好幾倍，而且員工每天都有交通車接送上下班。IKEA 當地分店開幕那幾週，Target 的交通車每天都載送員工到 IKEA 賣場，每個員工或多或少都在 IKEA 買了些東西，各種款式的椅子、玻璃杯、東方風格的地毯，幾乎把 IKEA 的各款商品一樣不漏地買了下來。

六個月後，Target 以超低價推出一系列很不錯的產品。該系列產品不是透過旗下一千家分店銷售，而是放到網路（target.com）上賣。長久以來，Target 的優勢在於擁有技藝精湛的設計師，現在這個系列產品仍是 Target 的暢銷系列之一。反觀美國 IKEA，在最近三到四年內，營運狀況卻持續走下坡。

巧妙布局，玩弄媒體於股掌之間

坎普拉長袖善舞又能言善道，是一位相當出色的溝通者。他所講的每個字或露出的每個表情，都是經過深思熟慮的；他提出的每個問題、請求、告誡和評論，也都有特定目標。總之他的一言一行，都是刻意做出來的。有些人甚至認為，坎普拉喜歡把人玩弄於股掌間。

我們就以柏格史東（K-G Bergström）和連納特・艾克達（Lennart Ekdal）這兩位瑞典最精幹的記者為例。兩人或許認為，能在夏末午後參觀坎普拉位於史馬蘭的波索農場是一大殊榮。艾克達去的那一年（兩人並不是在同一年受邀），坎普拉提議到莫肯湖上划船。坎普拉開心地划船，艾克達則坐在船尾欣賞夏日綠意盎然的湖景。艾克達當時心裡可能這麼想：「我跟名列全球富豪排行榜的坎普拉一起划船，而且他竟然也會划船！看他划得多開心！」

會這麼想也很正常，因為坎普拉就是有那種魅力，據我所知，只有一次例外。那次的情況是，因為電視台要拍攝坎普拉工作的情形，我和當時擔任瑞典 IKEA 負責人的葛蘭・亞得史川德（Göran Ydstrand）陪著坎普拉出現在烏普沙拉分店。坎普拉走到分店櫃檯，想秀一手他熱心幫顧客打包商品的絕活。顧客們的反應都很正面，卻有一位老太太面露不悅，以為坎普拉這位老先生是要偷她的東西。「你是這裡的員工嗎？」老太太大叫，後面排隊的人全都聽到了，坎普拉只好尷尬地說：「是的，我在這裡工作。」

回到艾克達跟坎普拉划船一事。話說隆隆作響的馬達聲突然傳來，只見另一艘船劃破波光粼粼的湖面，朝著兩人開過來。開船的人以高超的技術將船轉向，停在坎普拉跟記者坐的這艘船旁邊。

「咦，老爸，你們出來划船啊？」船上的人打招呼。

「親愛的彼德，你在這裡幹嘛？」

「我在擺放捕捉龍蝦的籠子。」接著他轉頭與艾克達打招呼：「連納特你好，我是彼德。」

其實，坎普拉的大兒子、也就是 IKEA 的接班人彼德・坎普拉，會在父親跟瑞典重量級財經記者遊湖時「正好」出現，可不是什麼巧合。幾天後，我去波索見坎普拉時，他自己告訴我這件事。

坎普拉的字典裡沒有「巧合」這個詞，只要是有記者在場，所有的情況都是經過刻意安排的。

拿艾克達造訪史馬蘭這事來說，從頭到尾都是一場秀，沒有任何新聞價值可言，因為艾克達此行根本沒有採訪到什麼了不起的內容。而艾克達自己對這次訪問的描述是：「坎普拉是個相當有趣的人。我因為節目需要而採訪過他，我們花了幾天時間相處、彼此認識。讓我最難忘的是，我們在他那艘像篩子一樣會漏水的老舊船上，悠閒地躺在魚網上，我腳上還穿著他借我的長筒靴。後來，我們坐在簡陋的船屋裡吃魚，我喝的是啤酒，他則是喝低卡可口可樂。」

想想看，在享用過全球富豪親自準備的美味自製漢堡後，誰還敢拿棘手問題問坎普拉？對了，坎普拉的廚藝倒是好得沒話說。

較近的一個例子，則是瑞典電視台極具影響力的記者柏格史東。他在二〇〇八年採訪過坎普拉，說實話，要找出比這次採訪更爛的訪問還真難。坎普拉讓柏格史東可以毫無忌憚地問各種尖銳問題，包括坎普拉那些號稱見不得人的過去，例如他的讀寫障礙和酗酒成性等，坎普拉還一度落淚，為自己當年支持納粹感到懊悔。但這些回答都是標準答案，一字一句早就在心中演練過。

更糟的是，柏格史東、艾克達這些前來訪問的記者，其實都是他刻意挑選的。他之所以接受這些人的採訪，就是要讓他們親眼見識他的魅力。每年夏末時分，坎普拉都會跟經過挑選、對 IKEA 較友善的瑞典記者碰一次面，除此之外他很少接受採訪。

事實上，他會同意上《夏日》（*Sommar*）這個談話性廣播節目，有兩個原因。一來是因為上這個節目不需花錢，就能幫 IKEA 做宣傳；二來則是因為坎普拉可以在不受質疑的情況下，愛講什麼就講什麼。在不受干擾的情況下，坎普拉侃侃而談的溝通能力——或者該說是欺騙大眾或操縱大眾的能力——可是無人能比。

現在，坎普拉要牽著瑞典記者的鼻子走，再也不需要親自划船或夏日出遊了。托克（Bertil Torekull）獲坎普拉授權撰寫的《四海一傢 IKEA》（*The Story of IKEA*）出版時，在 IKEA 位於瑞典古根斯柯瓦（Kungens Kurva）的分店開了一次重要的發表會。坎普拉後來跟我說，當時他手上拿著地鐵票抵達會場，一開口就說自己是搭地鐵來的，全場人士都成了他克勤克儉的見證者。

就像先前的兩次訪談，坎普拉這次的精心安排效果確實不凡。他發揮個人魅力，掌控整個情勢，安排好每個步驟，記者們的反應全都在他的算計之中。坎普拉還充分利用自己的年紀，親切地扮演老人家的角色，不願承認自己是什麼全球首富及傳奇人物。畢竟，誰會對一位平凡的老人家嚴詞逼問、惡言相向呢？因此，這場記者會開得相當成功，大家都對這位站在會場中央、雙手放在肚子上、拇指不斷畫圈的老人敬佩不已。坎普拉繼續講個不停，他還打趣地說自己深受「口無遮攔」之苦。此話一出，全場鬨堂大笑。

不過，並非每個記者都這麼不專業，瑞典電視台 TV4 的記者畢姆·安史東（Bim Enström）就是個例外。她曾經與坎普拉和俄羅斯經理人連納特·達格倫（Lennart Dahlgren，被坎普拉開除後又回鍋）一起製作過節目，不像其他男同事渴望站在這位傳奇人物旁邊沾沾光，她在整部影片中不發一語，讓主角自己侃侃而談，而這卻是我見過最貼近坎普拉內心世界的一次訪談。在那次訪談中，坎普拉展現出他認真工作、愛講笑話又愛挖苦人、口無遮攔又博學多聞，在生意上蠻橫難纏，對親近同事卻相當體貼的奇特性格。

有讀寫障礙？別鬧了……

接下來，我們來談談坎普拉自己對外所承認的所謂「缺點」。跟坎普拉共事過的助理大都知道，這些都不是事實，根本是被誇大渲染的。

就拿讀寫障礙這件事來說，所謂讀寫障礙，是根本沒辦法閱讀或寫字。但是坎普拉並非如此，多年來他透過數以百計的親筆信和傳真，跟IKEA在全球各地的經理人溝通。他常舉的例子，就只是他老是拼錯同一個字，而且錯的方式都一樣——他老是把article（文章）這個字，拼成artickle。但這種拼字錯誤通常只是一種習慣，不是什麼大毛病，也不會錯到讓人無法了解內容。坎普拉的信和傳真可以證明，他根本沒有讀寫障礙，除了經常寫錯字之外，他組織文字的能力並不見得比別人差。

還有，他故意讓外國記者認為他的英文不怎麼靈光。但實際上我有一次在坎普拉瑞典家中留宿，卻親耳聽到他用流利的英語，大聲講出相當艱深的詞彙。雖然只是幾秒鐘，卻讓我印象很深刻。我原本以為，坎普拉的英語就像外界所流傳的只是半弔子，瑞典腔很重。

那是我第一次領悟到，坎普拉對外展現的那些缺點，根本都是幌子，好讓他能夠操縱記者和員工。他讓記者以為，像他這麼成功的富豪，原來還有缺點，藉此引起記者的注意及興趣。加上如果記者不是北歐人，假裝自己英文不好的坎普拉，還可藉此迴避一些棘手問題。誰會去責罵一位外語講不好的老人家呢？精明的坎普拉，還會把IKEA的同仁拉進來，協助他扮演好再平凡不過的角色，顯示出貴為老闆的坎普拉，原來也有一般人的缺點。換句話說，坎普拉刻意降低自己的水準，變成跟大家一樣普通，這樣做反而讓大多數人對他更有好感。

坎普拉有酗酒問題？裝出來的啦

酒鬼，指的是無法克制酒癮的人。但，坎普拉可沒這樣。相反的，他會在某些固定時段禁酒；就算要喝，也不會盲目地喝，每天晚上來一、兩杯威士忌加蘇打水，是不會讓人變成酒鬼的。問問戒酒協會的人怎樣才算酗酒，他們會告訴你，晚上小酌幾杯離酒鬼還差得遠呢。

一九九五年，IKEA 在波蘭辦公司派對，那是我唯一一次親眼見到坎普拉喝酒，除了那次以外，我沒看過也沒聽過坎普拉會偷偷喝酒或酗酒，他從來沒有因為喝酒而行為失當或出錯。換句話說，除了他自己向那些容易上鉤的記者自曝愛喝酒之外，我從來沒發現他有任何酗酒跡象。依我的解讀，坎普拉所謂的「酗酒」問題，是指若碰上他喜歡的酒，常會多喝幾杯。我知道他在瑞典的家庭醫師曾建議他，如果偶爾喝多了，就要自動戒酒一段時間，才能維持肝功能正常。就像我的醫生也說我喝太多酒，但這不表示我跟坎普拉都是酒鬼。

我的印象是，坎普拉很擅長為自己與 IKEA 創造對公司有利的形象。要是這位全球富豪像他自己向記者形容的一樣，是酒鬼、有讀寫障礙、英文講不好又「有點笨」，當然會更引人好奇。仔細想想，坎普拉當然是我們這個時代腦袋最精明的人之一，只不過他很懂得隱瞞這一點，也很清楚自己為什麼這樣做。

有一次，我到坎普拉位於瑞士的家中，當過坎普拉助理、後來升任副執行長的韓斯・蓋德爾（Hans Gydell，坎普拉曾說，蓋德爾是他見過第二聰明的人）剛好打電話來。當時，坎普拉對「共同資金」（joint funds）有個想法，他想把 IKEA、英特宜家公司（Inter-IKEA）和 IKANO 這三家公司的現金流動性合併起來管理。別問我對這件事做何感想，因為我根本不知道那到底是什麼。電話中蓋德爾針對這件事該如何安排，提出一些問題和看法，坎普拉對他詳細說明該怎麼做，但語氣聽起來似乎頗不耐煩。之後摔上電話，轉頭跟我說：「約拿，難道我得找個老樵夫來教這些人如何弄錢不成？」

坎普拉接受採訪時，常利用自己傳說中的「缺點」當障眼法，這樣一來就不必碰觸到任何真正的問題。講講自己的缺點，可以轉移媒體的注意，他對自己的不完美毫不避諱，記者當然會好奇，而且這種技倆屢試不爽。因此，往往整個訪談焦點就從原本應該被重視的 IKEA 經營問題，轉移到他個人的缺點上頭。

這種做法常會帶來兩種效果：其一，是坎普拉越來越清楚怎樣扮演好自己的角色，並在必要時，誇大自己的缺點來轉移焦點；其二，則是記者跟坎普拉之間的氣氛。當坎普拉這位老人家含淚「訴說心事」，再怎麼冷酷無情的記者，也很難不為之動容。就這樣，坎普拉在不知不覺間軟化了記者的心，任由他東扯西扯、避重就輕滔滔不絕地講。最後，記者還沒來得及提出棘手問題，採訪時間就到了。

納粹的過去，差點眾叛親離

據我所知，側寫坎普拉及他畢生工作的書目前市面上有兩本，分別是瑞典記者湯姆斯・熊柏格（Thomas Sjöberg）的《坎普拉和他的 IKEA》（*Ingvar Kamprad and his IKEA: A Swedish Saga*），書中主要談到坎普拉早年對納粹的支持，也試圖證明坎普拉參與納粹活動多年，只是他本人不承認。至於坎普拉授權托克寫的《四海一傢 IKEA》，則刻意掩飾坎普拉參與納粹活動這件事。

熊柏格或許沒錯，坎普拉以不復記憶為理由，規避此事。但是，就如同我先前曾講過的，坎普拉的記憶力驚人，不管多久前發生的事都記得一清二楚。我認為他是因為自覺丟臉，所以才盡量迴避。

熊柏格的書出版之後，抨擊的聲浪如排山倒海而來，這是坎普拉第二次因為納粹事件遍體鱗傷、受挫。在這之前的六年左右，當坎普拉支持納粹一事首度曝光時，他就曾被迫坦承以對，出面道歉。顯然，這樣做還不夠。第二度遭到猛烈抨擊時，他經常打電話給我，重重壓力下的坎普拉幾乎快哭出來。辱罵聲四起，親信也背棄他，認為坎普拉必須自己承擔這種恥辱。

在這次事件中，有幾點我倒是可以打包票。比方說：現在的坎普拉，再也不是新納粹主義分子，也不是法西斯主義的支持者，我甚至從沒聽過有人暗指他是這種人。坎普拉也絕對不是反猶太人士，在我看來事實剛好相反，他講過自己在一九六〇年代，曾經資助過需要幫助的波蘭籍猶太人與猶太團體。他也特別照顧猶太裔員工，有些猶太裔員工還是他的親信。我不知道坎普拉為什麼這樣做，或許是想彌補自己早年犯下的罪過。

坎普拉成長在一個威權制的德裔家庭，祖母是熱愛祖國的德國人，也是打理坎普拉家族一切的大家長。事實上，根據已過世同事列夫・薛爾（Leif Sjöö）證實，坎普拉的父親費奧多（Feodor Kamprad）就是堅貞的納粹黨員，這在當地是人盡皆知的事。一九二〇到三〇年代期間，埃姆瑞特（Elmtaryd）農場的坎普拉家族就跟許多家庭一樣，都採打罵教育。孩子在這種嚴厲環境下成長，心裡當然會留下陰影。熊柏格講的或許沒錯，坎普拉在一九五〇年代曾是納粹黨員或支持法西斯主義，這確實是很糟糕的事。但是根據我的判斷，後來的坎普拉，再也沒有涉及那些愚蠢的行為了。

已經這麼有錢，還會A走餐廳裡的胡椒罐？

坎普拉最為人所知的另一個「缺點」，就是節儉成性。很多人都聽過這樣的傳聞：雖然名列世界富豪排行榜，坎普拉還是會摸走自助餐廳的鹽巴和胡椒罐。另一則傳聞是，有一次坎普拉的親信實在看不下去，強制要求他別再開那台老舊的富豪汽車，因為車子已經破舊到有危害交通安全之虞。

即使這些傳聞的可信度很低，但那不是重點。重點是：坎普拉成功創造出一個又一個與他有關的故事。

其實，講到坎普拉的鐵公雞作風，只要幾行字就能說完。他對IKEA的每分錢，的確錙銖必較；他嚴禁浪費，金額再小也不例外。

毫無理由且不必要的浪費，是少數會讓坎普拉氣到跳腳的事情之一。例如下班時忘了隨手關燈，就會讓他氣到七竅生煙。我剛擔任他的助理時，就有過親身體驗。我們在早上六點鐘準備開車出門時，坎普拉發現我房裡的燈還亮著，立刻提醒我要關燈。

可是，坎普拉並非一毛不拔的人。開會時如果他覺得某個同事提出的構想可行，就會毫不猶豫地提列好幾億瑞典克朗的研發資金。

據我了解，鐵公雞的形象確實是他刻意營造出來的。但私底下，他也不允許自己太過奢侈，他穿得簡單，總是襯衫、褲子加上夾克，而且都不是名牌貨；他也沒有名貴轎車，關於富豪老爺車這件事倒是所傳不假；他跟太太瑪格麗塔（Margaretha）住的房子，也很簡樸。

瑞典報章曾數度報導，坎普拉家族在瑞士坐擁豪宅。但其實那棟房子雖然位於瑞士高級住宅區，房子本身卻很簡單，整個陳設跟一九八〇年代的房子差不多，甚至比瑞典波索一帶一九七〇年代的住宅風格還要樸素。只因為占地面積大——占地三百平方公尺（約九十坪），有主建築和車庫——看起來像是大家族住的房子罷了。坎普拉痛恨休假，他很少單純出門旅行，也不喜歡去電影院人擠人，有時候瑪格麗塔想看電影，還必須硬拖著他去。

坎普拉在法國買下的葡萄園也很普通。曾在那裡工作的同事跟我說，坎普拉還把葡萄園的幾間房間出租給遊客。這座葡萄園不僅無法讓坎普拉放鬆身心，還成為他長久以來的心頭大患，儘管 IKEA 分店不得不推銷葡萄園釀製、略帶酸味的葡萄酒，但是葡萄園始終處於財務虧損狀態。不過現在，葡萄酒的品質和葡萄園的財務狀況似乎有好轉跡象，讓坎普拉稍稍鬆了口氣。

雖然大家以為坎普拉是慳吝成性，但私底下的他為人好客大方。每次我去他家作客，總會收到他送的各種禮物，包括瑞士瑞克雷乳酪、巧克力、葡萄酒、肉類製品和瑞士糖。他還會用心準備一道道的佳餚，讓賓主盡歡，甚至還安排客人午睡小憩，讓人有賓至如歸之感。

聰明地把責任推得一乾二淨

回首以往，我開始明白，坎普拉確實很懂得道歉之道，也知道如何找藉口。當 IKEA 受到外界質疑時，他要同仁稍安勿躁，由他負責擺平媒體。他早早就明白，即便自己無法解決眼前問題，也不能急著攤開底牌。只要多少透露點實情，等事情漸漸平靜下來後，媒體焦點自然會轉移。

艾琳（Iréne）是 IKEA 古根斯柯瓦（Kungens Kurva）分店的店長，她在這裡工作多年，精明能幹，也是當時 IKEA 在全球各地唯一的一位女店長。她的直屬長官是瑞典 IKEA 負責人拉森（Bengt Larsson），但拉森似乎不太喜歡女店長，而且他對艾琳也有成見。坎普拉表示，他會設法讓拉森對艾琳客氣點，但是據我所知，最後艾琳還是被派到北美地區，工作一陣子後就自動離職了。反正坎普拉是這麼說的，不過他還相當巧妙地補充：「約拿，要艾琳在拉森底下做事實在太辛苦了，我向來對女店長或艾琳沒有意見，畢竟除了性別不同，她們還是很能幹。」

發現了嗎？坎普拉多麼巧妙地將自己當時身為執行長的責任，轉移到他打從心裡討厭的拉森身上。其實，真正在幕後操縱的，是握有實權的坎普拉本人，因為坎普拉有絕對的權力拔擢任何店長。換句話說，在IKEA，坎普拉才是真正左右性別平等的關鍵人，但是這一點他絕口不提，直到現在也一樣。而且他很聰明地利用艾琳這件事，對外傳達了這樣的訊息：「女店長這種事不好處理，但我本人不排斥女店長。」

曾經有好多年，IKEA被指控抄襲知名設計師的作品，然後以低廉價格銷售。這件事千真萬確，也的確是IKEA過去很長一段時間以來所採用的成功策略。現在，直接抄襲的情況已經相當少見了，但的確有很多產品，是從對手的產品中獲得設計靈感的。

很多記者以為，拿模仿抄襲這個問題問坎普拉，應該會聽到這樣的回答：「沒錯，很遺憾，早期IKEA確實發生抄襲他人作品這種事。但是現在我敢打包票，這種事絕對不可能發生，我們投入許多資源栽培自家設計師。」但全然不是這麼回事，坎普拉的回答是：「聽好，我告訴你，真正獨特的原創設計根本少之又少，這個世界，每個人都在互相抄襲！」

當今世上沒有獨特的原創設計？這話當然是胡扯，但媒體卻很少挑戰他的說法。原因之一，可能是坎普拉和IKEA在瑞典備受敬重，而且坎普拉巧妙地把「每個人」也扯了進來。這種模式一再上演，他總是拿「世上沒有獨一無二的設計」當藉口，然後指責「每個人」都在抄襲，把IKEA的行為合理化。這樣做是聰明沒錯，格調卻低了。

他怎麼說並不重要，重要的是他話裡真正的意思

坎普拉操弄的，其實不只是媒體。在IKEA內部，他也用同樣的手法來領導。我們在集團裡有一條非正式的法則，那就是：「坎普拉怎麼說並不重要，重要的是他話裡真正的意思。」

換句話說，坎普拉講的每個字和每句話，都要經過仔細推敲解讀才行——就像早年蘇聯時代的官員，得設法從每個字句和標點符號，去解讀統治者的意向。坎普拉確實很懂得如何在傳給部屬的傳真裡，玩這種文字遊戲。

讓我來舉幾個例子。如果在傳真上，坎普拉稱對方「親愛的」，那就表示情況還好，沒什麼大問題；如果他在傳真上直呼其名，表示他對受信者有所指示；如果他用「最親愛的」來稱呼你，意味著你已經是他的愛將了。

傳真的結尾用語也一樣。如果寫的是「祝福你」（With best wishes），意味著他對你沒感覺，甚至刻意保持距離；如果他直接寫「抱一抱」（Hugs），那關係就好多了。有時候，他會透過改變稱呼和結尾用語，來表達自己對於受信者的觀感。相信嗎？就算是像執行長達爾維格這麼鎮靜的人，都會被坎普拉的文字遊戲搞到患得患失。而且，在這些信件和傳真上，坎普拉還會影射誰的表現好、誰的表現不好（以及原因）。這一套，他已經玩得爐火純青。

坎普拉跟其他人見面時，這一套也常會派上用場，尤其是當他跟男性見面時。握手，表示沒什麼特殊交情；如果他給你一個擁抱，表示他不討厭你；如果他給你一個擁抱，還在你的臉頰上親一下，那你就是少數幾個親信之一了。不過也別高興太早，因為如果他下次見到你時沒親你，那就意味你一定搞砸什麼事——坎普拉心裡一定有數，你不必懷疑。

在演講前，坎普拉會像個文膽似的，拿著細簽字筆，用大寫字母逐行寫下他的耶誕演說稿和秋季演說稿。他的文筆很好，這點大家不必懷疑。他會很巧妙安排內容，提出他認為重要的主題。每年八月底，坎普拉會發表秋季演說，而那篇演說稿通常要花上幾天時間才能完成。

一般來說，他會在波索家中的餐桌上寫。夏末暑氣未消時，他常是光著上身、只穿褲子。同事們都能完全聽得出他在指責哪些人、表揚哪些人。在IKEA，「話中有話」大家早已司空見慣。

在阿姆胡特的 IKEA，各個不同的階層中，都有不少坎普拉的狂熱崇拜者。其中最偏執的是一群保守的資深員工，他們會逐字去解讀坎普拉在不同場合的演講稿，然後預測這家偉大的公司即將會發生什麼事。

為什麼坎普拉如此熱愛這種做法，原因很明顯。不斷用傳真來表達他不同的情緒，不斷在演說中褒貶別人，能讓所有員工每天戒慎惶恐，並因此更努力，設法找出坎普拉要的是什麼。如果你跟坎普拉開會時沒辦法搞清楚他要的是什麼，或不能從傳真中揣摩上意，那麼你在 IKEA 的事業生涯高峰就僅止於此了，即便你再優秀也一樣。懂得揣摩上意，知道坎普拉要什麼，就是要在 IKEA 生存的必備技能。

對同仁不信任又安插密探

坎普拉這位迷人的老先生，其實在事業生涯中對誰都不信任。而且，他也把 IKEA 打造成一個充滿不信任感的環境。

由於他誰也不信任——或者說，他對於同仁能否把事情完成的能力感到懷疑——所以多年來他會在公司各階層安插密探。這些經驗老到又忠心耿耿的密探，透過傳真或電話，或是當坎普拉親自造訪時，向他報告自己最新的發現。

我記得很清楚，一九九〇年代後期擔任瑞典IKEA負責人的麥克・歐森（Mikael Ohlsson，後來於二〇〇九年接掌IKEA集團執行長），就遭到坎普拉用這種方式攻擊。歐森知識相當淵博，可能是瑞典IKEA歷任負責人中最能幹的一位，個性也相當正直。當時他想照自己的構想整頓組織，卻在各方面都無法合坎普拉的意。坎普拉比大多數同仁更早獲得整頓組織的消息，為了讓歐森改變心意，坎普拉發傳真並打電話給歐森，還派出密探積極干預，拉攏同仁效忠自己。這場衝突嚴重到一度讓瑞典IKEA的同仁分成兩派，一派支持坎普拉，一派反對坎普拉。

坎普拉還有一個特質，不了解他的人可能會以為，他是個優柔寡斷的人。其實，這跟他看待事情的方式有關。他習慣用一體兩面的角度看待人事物，比方說，一邊是他喜歡的，另一邊是他比較不喜歡或甚至討厭的；而顯然，他也能對某件事情相當熱中。然而，他通常會以兩個全然不同的角度來看待事情。

舉例來說，坎普拉對於IKEA在全球各地廣開分店十分在意，他徹底反對在日本開店，認為大舉進軍中國才是明智之舉，卻選擇不表態。他認為日本市場確實潛力無窮，但IKEA在日本的知名度不夠高，而打響品牌名號要花很多錢。坎普拉會繼續聽取各方意見，向他信任的專家請益，仔細推敲問題，然後他會擱置問題，過一段時間後再來重新思索，經過這麼冗長又受挫的思考過程後，他才做出決定。

一九九七年九月初，瑞典阿姆胡特波索農場

這一天，就跟往常一樣漫長，單調沉悶到讓我難以忍受，但總是精神奕奕的坎普拉還是很興奮。那年的 IKEA 年度產品週，坎普拉跟我在布拉希潘這棟辦公大樓三樓，聽了一場又一場的簡報。

產品週有許多傳統，例如助理必須跟坎普拉一起住在波索，每天跟在他身邊。無論是我或是我的前任，都沒有在採購、產品開發或包裝等部門工作過的經驗，因此對於這些方面的冗長討論，對我們來說就像是鴨子聽雷，單調沉悶到難以忍受。

如果你的工作是記錄重點，並且製作所有會議紀錄，那麼你就麻煩大了。通常，會議剛開始的五分鐘，我會專心記錄，二十分鐘後就心不在焉，半小時後我會在聽得見討論內容的範圍內，在角落找個地方坐下來，四十五分鐘後就開始打盹。

有時候即便是短短的幾秒鐘，都可能錯過珍貴的談話。「別睡著，快點記下來。」為了

讓自己保持清醒，有時候我甚至會拿鉛筆戳大腿。

其實，根據資深同仁證實，助理打盹也是IKEA的傳統之一。據說，達爾維格在一九八〇年代擔任坎普拉助理時，就在IKEA產品週時打盹過幾次。聽他們這樣講，我真是鬆了一口氣。每年，坎普拉都會說我的會議紀錄做得不好。幾年後，換成我自己親上戰場處理同樣的問題時，過去在痛苦的產品週上所學到的經驗，反而讓我獲益良多，雖然當時大多數時間我都在打盹。

晚餐吃完後，坎普拉跟我走進小廚房把餐盤放進洗碗機。坎普拉跟往常一樣吃了炒蘑菇開胃菜，搭配莫肯湖龍蝦並暢飲啤酒。

「約拿，現在我要讓你看一樣東西，這樣東西可能會讓你這種愛地球的人感興趣。」

坎普拉坐在廚房餐桌旁，大腿上擱了一個棉布袋，他開始從一疊疊橡皮筋束好、裝有他大部分紀錄的卷宗裡翻找，我看到那個骯髒的黃色袋子上寫著「消費合作社」。

「找到了！就是這封信，這是我對森林的幾個看法。」十分鐘後，他終於找到那封信。

「約拿，你來看看這封信，把你的看法告訴我，森林可不是一個容易解決的問題呢。」

跟平常一樣，那是一份以簽字筆寫在A4紙張上的幾頁手稿，一樣用大寫字母寫下他對森林的觀察和精闢見解，其中只有幾個字拼錯。針對這麼錯綜複雜的問題，坎普拉竟然能用讓人容易了解的說法表達一切，實在很了不起。

基本上，坎普拉利用簡單陳述表達他的看法，他寫道：森林是IKEA最重要的原物料，森林是再生資源，所以不會造成環境問題，濫伐主要是由人口暴增威脅龐大林地所引起的。我們如何利用簡單的方法，讓森林能持續存在？畢竟，讓事情往正確的方向發展，IKEA責無旁貸。

「你可不可以跟那些關注森林的環保人士談談，看看我們可以怎樣合作，一起做點事。」坎普拉說。

「關注森林的環保人士」指的是綠色和平組織（Greenpeace）。坎普拉比較喜歡這個組織，他認為總部在瑞士的世界自然基金會（WWF）組織鬆散又浪擲金錢。我搭機前往阿姆斯特丹，到綠色和平組織總部跟負責森林業務的德國人克里斯多夫．提斯（Christoph Thies）見面，經過幾次會晤後，我努力讓他了解儘管IKEA是一家跨國企業，但是我們的目標可敬，我們願意為環保盡一點心力，希望跟綠色和平組織進行一項合作計畫。

提斯是綠色和平組織裡的務實派，他認為合作顯然比對立好得多。身為德國人，他自然對這個領域知之甚詳，不過他也開門見山地表明，他會廣納各種不同的做法。每次去阿姆斯特丹跟提斯開會，都有新成員加入，每個人都努力捍衛自己的主張，對環保議題也都有深入的了解。

事實上，綠色和平組織對於保留林地現在有了更務實的做法，因此也讓組織裡的務實派更具影響力。但說到底，該組織並沒有放棄原本的理想，只是接納不同的做法而已，比方說跟大企業合作就是一例。

開過一次又一次的會議，卻沒有達成任何共識，就在我開始覺得徒勞無功時，提斯帶著一群同事出現了，他要我跟其他人說明 IKEA 的觀點和建議。「IKEA 非常希望能跟綠色和平組織合作，我們認為大家的價值觀相近，而森林問題是你們要解決的主要問題，也跟我們密切相關。坦白說，我們已經準備好大筆資金要跟你們合作了。」

「我想我們有個合作構想。」提斯突然說道。

拿企業的錢明顯違反了綠色和平組織的規定。該組織是透過別的專案計畫，而順利跟企業攜手合作。「全球森林監測」（Global forest watch）組織是美國一個風評極佳的環保團體，他們透過企業捐助，以衛星攝影繪製出全球未受侵擾的自然森林地圖。這些隨機拍下的現場照片依據國別和全球五大洲加以彙編，同時也列出其他可用的科學資料。

透過在全球森林監測的官方網站 globalforestwatch.org 公布這些地圖，各國政府就能以更有效率的方式管理非法伐木。像 IKEA 這些大規模伐木的企業，也能在這些地圖的協助下，避開植被敏感地區。這種事後來還真的在俄羅斯卡雷利亞（Karelia）上演了，綠色和平組織審議委員會（Review Commission）特別對外表示，IKEA 力行林木保育的做法堪稱企業榜樣，而芬蘭紙業巨擘斯道拉恩索（Stora Enso）的做法則不值得學習。

我樂觀地離開阿姆斯特丹，現在我們有了具體又值得投入資金的計畫可做，但是所有美好感受只到此為止。我到寇勒斯莊園見坎普拉，他對結果一點也不滿意，當初是他決定捐款給綠色和平組織，我只是聽命行事；現在他卻反悔了。坎普拉一向就不把捐款給慈善機構當成最佳選項，現在也一樣。一九九〇年代末，IKEA 的所有慈善捐款金額相當少，而且全都捐給紀念坎普拉母親的防癌機構。以綠色和平組織的例子來說，要坎普拉捐款六千萬瑞典克朗（相當於新台幣二．六億元），實在有違他的本性。他請大兒子彼德出面阻止此事，但是彼德提的問題根本毫不相干，比方他說：「你怎麼知道最後錢會用在什麼地方？」

事實上，西方世界的慈善組織都受到政府單位的密切監督，所以彼德這位年輕小伙子這麼講實在很不上道。IKEA 執行長莫伯格跟我一起和全球森林監測的幾位代表碰面，他們完全符合我們的期望。當時坎普拉不是出差就是人在瑞士，他的決定反反覆覆，原本斷然拒絕合作，最後又改變心意，要求這項合作計畫也必須讓 IKEA 受惠。最後，雙方協定將捐款用於對 IKEA 有利的地區，原本六千萬瑞典克朗的捐款也被七折八扣，跟著大幅縮水。

IKEA 裡的上等人或下等人

坎普拉並不是以黑白分明的觀點來看待這個世界的。他有很多灰色地帶，讓他可以跟朋友和熟知內情的人一起推敲問題、吸收新資訊並討論問題，最後再做出決定。不過，他對人的看法就不是這樣，他會很快就注意到能幹、忠誠又能把事情辦好的人，這些人最後都變成了他的親信。

在坎普拉眼裡，當你非正式地獲得「IKEA 好傢伙」這種殊榮時，你就成了他的親信，他會寬容你的過錯，也會讓你一路高升，就算你力有未逮也沒關係。阿姆胡特的 IKEA 公司有些同事老早就該離職，這些人根本無法勝任工作，只會做出危害公司的事。換句話說，坎普拉現在看人時，根本不太在意個人發展潛力和表現。我之所以這樣講，是因為過去十年內，我目睹到坎普拉無視員工個人能力的情況越來越嚴重。

「這是什麼鬼東西？」坎普拉用平常的語氣，以家鄉史馬蘭口音突然提出這個問題，為他的盛怒揭開序幕。「這究竟是什麼鬼東西？拜託史滕納特或其他聰明傢伙解釋一下，這是什麼意思？」

坎普拉很快就提高音量，但是他身邊的十幾個人都悶不作聲。就連坎普拉的妹婿、擔任

INGKA董事長的韓斯葛蘭．史滕納特（Hans-Göran Stennert），也噤若寒蟬。「你們全啞了？或者，你們不想告訴我這種垃圾是什麼！」

事情實在太不尋常了，坎普拉竟然在一群同仁面前，讓自己如此失控地大發雷霆，面紅耳赤地大聲咆哮，還極度無禮地對待那些他認為要為這項商品負責的人。後來，他越來越失控，不停辱罵設計出這個浴室新系列的茱莉．戴絲洛希爾斯（Julie Desrosiers）。史滕納特設法把坎普拉拉到一旁，想讓他冷靜下來，卻拿他沒轍。

難道這只是一位老先生突然抓狂嗎？但是想想看，如果你經營一家身價數十億瑞典克朗、又有許多好點子的企業，你必須樹立榜樣，必須對同仁負起龐大責任。因此，不管是私底下或在同仁面前這樣辱罵部屬，當然令人匪夷所思。至少坎普拉不該這樣做，因為親自寫下企業經營理念的人就是他。這就是為什麼，我不會把坎普拉當成是受害者，就算高齡八十三歲，他還是跟得上時代、很有能力也知覺敏銳。

我必須說明的是，法裔加拿大籍的戴絲洛希爾斯，或許是IKEA有史以來最有本事的產品開發人員，她設計的每樣產品（PAX系列的衣櫥、床和床墊）都是暢銷商品。她在二〇〇九年離開IKEA，但是她去職前所設計的臥室系列產品仍然是IKEA的長銷商品，從產品開發所需要的時間來看，這當然不是其繼任者的功勞。儘管全球經歷一九三〇年代以來最嚴峻的金融海嘯，人們還是喜歡住有多個房間的大房子，因此臥室系列的銷售並不受影響。至於讓坎普拉失控的浴室系列，後來獲瑞典 IKEA 同仁一致鼓掌叫好（我也是其中之一）；但是決定權握在坎普拉手上，那個系列最後一筆勾銷。浴室系列一向是 IKEA 銷售最差的商品，因為坎普拉搞不定在產品開發領域比他還厲害的女人。

「雷斯克（化名）那個該死無能的傢伙還在這裡工作嗎？」坎普拉大聲提出抗議。在 IKEA 總部布拉希潘的某個冬日，坎普拉在午餐前突然走進我的辦公室，我們一邊閒聊一邊走去用餐，途中經過貼著所有同仁照片和姓名的公布欄，他盯著雷斯克的照片一直看。「約拿，雷斯克這個人根本一無是處，他怎麼可以還在這裡工作？而且，他們答應過我，要把那個白癡開除掉。」

坎普拉的氣話讓我覺得好像利刃劃過肚子，我腦海裡突然浮現兩個想法：有沒有人聽到他這樣說？這時候辦公室應該有很多人啊。要是雷斯克那個可憐的傢伙聽到這些鄙視的話怎麼辦？我小心地挽著坎普拉的手，把他帶到外面。儘管幾年前我擔任過他的助理，但是我很清楚自己有責任保護他，也有責任保護他的員工。若讓公司同仁傳出他因為雷斯克而大發雷霆，對他一點好處也沒。

關於坎普拉的攻擊性格，最惡劣的是他的針對性很強，就像他想讓誰高興一樣，都有個特定對象。他的字典裡沒有「巧合」這兩個字。我從沒聽說坎普拉曾在 INGKA 董事會或巡視分店時情緒失控過。一旦他大發雷霆，就會造成相當慘烈的後果，他身邊的人會變得更畏縮，而讓他痛罵的人也會大受打擊。

我曾經也是坎普拉攻擊的對象，所以很清楚那是怎麼回事。有一陣子 IKEA 因為接二連三爆發童工醜聞而飽受抨擊，當時我負責集團的內外公關，也是莫伯格和坎普拉的共同助理，在這個我們絕對不可能贏的棘手狀況下（這次，我們非但贏不了，連降低損害都不可能），我也是莫伯格最親近的顧問。有一天深夜，我跟莫伯格一起搭車前往位於韋克（Växjö）的瑞典電視台。我的手機突然響了，坎普拉在電話裡對我大聲咒罵，因為我忘了跟他說莫伯格當天在報紙上發表一篇文章。雖然是我的錯，卻不至於錯到要把我開除，但坎普拉當時就有此意。莫伯格在車裡鎮靜地看著全身發抖的我。

「那麼，他必須把我們兩個一起開除。」莫伯格邊說邊發動車子。

全球有一百萬人靠 IKEA 養家餬口，說到底，坎普拉畢竟是 IKEA 的大家長，任何決策都攸關他們的生計。而他的三個兒子，很快就會擁有同樣的權力。

Part 2　藍色高牆內

第3章

從森林出發

每四年，需求量成長一倍的雲杉木

要了解IKEA，就必須知道這家公司究竟在「做什麼」，以及它究竟「怎麼做」的。

我把這個在全球各地擁有超過十五萬名員工、一年到頭忙著生產顧客想要商品的龐大組織，稱為「IKEA 機器」。因為在這家公司，只要是跟這部機器有關的每件事，多年來都能協調一致，很有效率地運作。

IKEA 能變成今天如此龐大的規模，與該公司的價值鏈以及長期累積的經驗密切相關。所謂的價值鏈——IKEA 內部稱之為「輸送帶」（the pipeline），也就是從森林取得松木開始，到把咖啡桌包裝好送交顧客手上，整個過程中所牽涉到的一切活動。

接下來，讓我們從森林出發，看看 IKEA 在過去所面臨的重大挑戰。這些挑戰有些已經順利解決，有些挑戰還在持續。其中有很多，都不為外界所知。

走，到東歐買森林

想像一下，把近兩億棵松樹圓木或雲杉樹圓木疊在一起，有多麼壯觀？這就是IKEA每年需要的原物料，這些木材都是從森林伐木取得的。

接著，再想想看，IKEA需要的松木和雲杉木，每四年成長一倍。換句話說，IKEA每年得在森林裡砍伐高達數十萬公頃的林地。這麼做並沒有什麼大錯，如果管理得當，木材是對環境有益也是可以再生的原物料。從消耗水資源和碳排放量等方面來看，只要妥善照顧森林，以正確方式取得木材並進行生產，對環境的衝擊甚至比種棉花要來得低。當然，這裡指的是人工林，不是原始森林。

在確保木材來源穩定這件事情上，IKEA一直很有遠見，這得歸功於坎普拉的洞燭機先。一九八九年柏林圍牆倒塌後，東歐變天，坎普拉見機不可失，IKEA旗下最優秀的採購人員傾巢而出。

其中，最早啟動的計畫之一，是買下在西伯利亞一家擁有龐大林地的鋸木廠。負責這個案子的人，就是IKEA領導團隊中少數非瑞典籍的傳奇人物伯納德・富勒爾（Bernard Furrer）。可惜後來殺出程咬金，這筆交易因為俄羅斯黑手黨的介入而告吹。當時，IKEA已經投入了高達五千萬瑞典克朗（約新台幣二・二四億元）。想也知道，鎩羽而歸的富勒爾，回到寇勒斯莊園時心中自然忐忑不已。

那天早上，坎普拉、執行長莫伯格跟IKEA集團的大老們全在會議室裡。當討論到西伯利亞投資案時，富勒爾被叫進會議室。他把壞消息告訴大家之後，心裡就等著被痛罵一頓，畢竟，他的確讓公司資金賠掉一大筆錢。

可是，坎普拉並沒有斥責他。他對富勒爾問了幾個問題之後，就沒再說什麼了，似乎事情就這樣過去了。

但有趣的是，接下來的休息時間，趁著大夥兒伸懶腰、上洗手間、喝咖啡及換菸草時，坎普拉突然走向富勒爾，問道：「你昨天晚上住哪？」富勒爾說，住在附近旅館。據現場人士透露，坎普拉當場為此把富勒爾臭罵了一頓：人既然到了寇勒斯莊園，就該在莊園的小房間裡留宿，幹嘛浪費錢去住旅館？

想要了解IKEA和創辦人坎普拉的成功，這起事件其實很有代表性：為什麼賠掉五千萬他不動聲色，多花點錢住旅館，他卻勃然大怒？

因為對坎普拉而言，他知道 IKEA 的大舉東進購買林木與工廠，當然得付出一些代價，才能有所斬獲。在他看來，這筆錢是學習——比方說，取得市場知識——的代價，而不是賠掉的。公司必須靠富勒爾這些同事冒險一搏，才可能在新市場大展身手；要是富勒爾因為搞砸西伯利亞投資案而被修理，就會讓其他同事有所疑慮，再也不敢貿然東進。這一來，要是被競爭對手在東歐和西伯利亞取得林地和工廠，IKEA 就得付出更可觀也更慘痛的代價。相較之下，這五千萬瑞典克朗的「學費」，根本不算什麼。

但另一方面，坎普拉同時也很清楚，不能縱容經理人亂花錢，否則整個公司的費用就會失控。經理人是同仁的榜樣，他很重視以身作則的影響力。因此在這起事件後，所有同仁出差，開始選擇入住公司許可的飯店。

西伯利亞投資失利——以及其他類似經驗——的學習，讓 IKEA 後來能在東歐地區迅速擴展。IKEA 一步一步來，從錯誤中學教訓。對很多人來說，「學習型組織」只是被商管書濫用的術語，但我認為 IKEA 大舉東進的過程，就是詮釋學習型組織的最佳實例。早在「學習型組織」這項概念被提出的十幾年前，坎普拉就把學習當作一項策略了。

糟了，木材價格上漲了！

多年來，IKEA擁有龐大的森林特許權（也就是對特定森林地區的砍伐權），目前在俄羅斯、烏克蘭和白俄羅斯等地，有幾十萬公頃的林地都歸該公司所有。這個策略很容易理解：雖然木材是再生資源，一旦需求激增，供給還是可能出現瓶頸，價格就可能暴漲。因此，IKEA必須盡可能取得林地。

但過去幾年來，IKEA一直面臨兩大挑戰，據我所知，這兩個大挑戰至今尚未有解決方案。

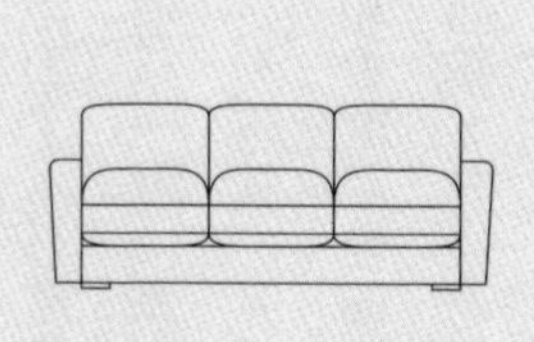

沒用的文件別歸檔

浪費資源是人類最大的弊病之一。許多現代建築，在我看來比較像是象徵人類愚蠢的紀念碑，而不是真的為了有需要而蓋的。

不過，讓我們付出更多代價的，其實是日常生活中的浪費，好比說：把再也用不著的文件歸檔；花時間證明自己是對的；因為現在不想負責、而把決定延到下次會議；可以寫張便條或發封傳真時，卻還打電話。

～摘自〈一位家具商的誓約〉

其中一項是：當松木和雲杉木市價大漲，該怎麼辦？過去幾年就是如此，石油價格飆高，帶動了木材價格暴漲。由於木材是替代能源，當石油價格越高，木材需求就越大。雖然石油價格一度回到較低水準，但長期而言，石油價格和木材價格的漲勢似乎是很明確的。

有人認為，IKEA 掌控了俄羅斯和烏克蘭一帶的木材價格。其實不然，雖然 IKEA 在俄羅斯和東歐等地的林區，蓋了幾家很棒的鋸木廠和工廠，但是蓋鋸木廠是一回事，伐木又是另一回事。其中牽涉的原因多到說不清，例如冬天氣候不夠冷，地面結滿了冰霜，無法利用機具伐木，貨運卡車沒辦法把木材運送出來等等。沒有木材，附近的工廠就沒辦法達成生產目標。想要從俄羅斯原物料現貨市場購買未經鋸開的木材，然後經芬蘭、波羅的海諸國或波蘭轉運，這個做法也行不通，因為俄羅斯會為了保障本國的原物料加工業，而提高木材出口關稅。

造成的結果是，IKEA 所需要的大量木材不但太少，而且太貴。由於 IKEA 一直沒有掌握先前取得森林特許權及興建鋸木廠的競爭優勢，因此後來反而必須從公開市場採購原物料。即便在波蘭這個 IKEA 早就買下歐洲最妥善管理林地的有利市場，採購人員還是無法以最低價格買到木材。

當較高的價格數據輸入 IKEA 的計算系統 CALC 後，從採購到商品上架這整個價值鏈，就備受動搖。因為 IKEA 的獲利計算公式中，有一條非常重要的準則：價值鏈上的每一個連結點，都必須有利可圖。但現在問題大了：木材是 IKEA 最重要的原物料——約占所有採購的六〇％，如今卻價格暴漲。

而當木材價格暴漲，整條價值鏈的價格也會跟著上揚，結果就會在 IKEA 各地的分店出問題。主要有兩個理由：

首先，分店在每年發送給消費者的商品型錄中，已經列出四百多項商品的價格，這些價格是不能更動的，當然無法臨時調漲零售價，來彌補成本上揚。這些價格固定的商品中，有許多是雲杉木或松木製品，比方說像 IVAR 書櫃、GORM 儲櫃、LEKSVIK 收納系統這些暢銷家具，以及許多咖啡桌、床架、衣櫥和餐桌。

這一來，IKEA 的零售定價——依據 CALC 將價值鏈中不同階段的成本加總——就會受到顧客和對手的左右。假如競爭對手決定自行吸收木材價格上漲，少賺一點，那麼 IKEA 就必須跟進（因為該公司標榜市場最低價）。而由於 IKEA 定價與利潤的經驗法則是三分之一給供應商，三分之一給負責採購與物流的 IoS，三分之一給分店（更精確地說，其實 IKEA 平均拿到四〇％，分店拿到近三五％）。可想而知，當木材價格大漲，會讓 IKEA 少掉合理利潤。

二〇〇五年，我參與了一項大規模投資計畫。當時，IKEA打算以超低的價格，在各產品線推出全新的木製家具。在IKEA內部，當談到價格上的「競爭優勢」時，指的是商品價格比對手低三〇％到五〇％。這項計畫的構想，是想結合供應商的力量，規畫出超有效率的產品線。這裡指的，是在現代鋸木廠附近蓋幾十家獨立工廠，外加一間設備先進的夾板廠，可能的話再加上一間組裝工廠。遺憾的是，這些構想最後大都只是紙上談兵。據我所知，這項計畫最後以失敗收場。

事後回想，這項計畫的失敗也讓我驚覺一件事：木材——對公司而言最關鍵的原料——的價格上漲，IKEA怎麼可能會事先沒想到呢？先前我們看到，這家公司有大舉東進的長期策略，要買下龐大工廠和林地；然而，一旦事情並沒有依照計畫如期進行，整個計畫就觸礁了。明明是一家身價數十億的大公司，卻怪罪暖冬讓地面結霜，害得木材運不出來，這實在說不過去。比方說，IKEA怎麼沒有想到，事先多在森林裡開闢一條聯外道路呢？

顯然，公司沒有準備好替代方案。公司的策略採購小組，只能用一個又一個的計畫來亡羊補牢。我認為，這實在很糟。坎普拉其實老早就預料到會出現這種危機，卻沒有人採取任何行動。我跟負責解決木材危機的同仁們開會時，很驚訝地發現：這是頭一遭，我看見IKEA陷入毫無頭緒的狀況。

一段被供應商挾持的內幕

史威武公司，是 IKEA 旗下的工廠團隊。要在森林附近興建大型鋸木廠和工廠，就是這個團隊所提出的點子。

當時，已經收購了龐大林地的史威武公司為了落實這個構想，還仔細調整了貨運時程表。但是現在，需要用到木材了，卻拿不到木材。原因不只是暖冬地面結霜和 IKEA 忘了開闢森林聯外道路，還有一些不為人所知的原因，就連 IKEA 的許多員工也搞不明白，反正那些家具就是沒辦法從俄羅斯運出來，在大多數情況下，甚至連生產作業都停擺。

針對作業延誤問題，我們只得到含糊不清的答覆。對我而言，這種情況實在無法理解，公司怎麼可能允許事態擴大，讓問題發展到如此不可收拾。擔任過英國分店店長的我，曾經帶領同仁在英國里茲開設第一家分店，我很清楚知道，如果哪一天晚幾分鐘開店，公司就可能把我開除掉。但是，史威武公司顯然能力有問題，才會讓一個又一個工廠計畫觸礁，奇怪的是，竟然沒有人必須為此負責。

更糟的是，史威武公司自認為獨立於 IKEA 總公司，但其實 IKEA 是史威武公司的唯一顧客。IKEA 有十分之一的產品，是由史威武公司生產，而史威武公司卻認為自己跟 IKEA

沒什麼從屬關係，只是 IKEA 價值鏈中的一個環節。讓我和其他老同事不解的是，坎普拉和達爾維格都沒有想過，要把史威武公司的營運與 IKEA 的營運結合。

坎普拉比我們更清楚這個問題，但他卻選擇保持沉默。我認為他察覺到，將史威武公司這個工廠集團跟 IKEA 整合，是會有危險的，所以寧可蒙受短期損失，也不要因為 IKEA 產業整合，讓整體效率受損，對長期發展造成不利影響。

原因之一在於：史威武公司是 IKEA 的專屬供應商，IKEA 有一個暢銷產品線，就是由史威武公司獨家供應。換句話說，史威武公司可以對這位唯一的顧客漫天叫價，IKEA 也無法不倚賴這家專屬供應商。我自己就曾見識到，史威武公司如何利用這項條件作威作福。我當分店店長時，有好多次因為定價不具競爭力，或是交貨貨品短少而拒絕接受，就遭到高層嚴厲責罵。

有一件事再確定不過：十年前，IKEA 絕不可能接受同時有好幾種物料完全短缺的情況。那麼，現在為什麼變成這樣？

原因可能出在幾位決策人士身上。喬瑟芬・雷德柏杜蒙特（Josephine Rydberg-Dumont）要為 IKEA 除分店外的整個價值鏈負起全責。其實她專精截然不同的領域，也對採購業務興趣缺缺（相反的，之前負責這項業務的歐森卻精通採購業務，設法解決許多重要的採購問題）。

生產出問題時，雷德柏杜蒙特的部屬、也就是採購經理葛蘭・史塔克（Göran Stark）還是新手（相較之下，前任採購經理史凡歐洛夫・庫爾多夫〔Sven-Olof Kulldorff〕比較積極，十年內就讓 IKEA 採購團隊變成公司最重要的競爭利器）。莫伯格擔任執行長期間，對採購業務也比時任執行長達爾維格更有遠見，至於史威武公司的新任管理者古納爾・寇瑟爾（Gunnar Korsell），則缺乏與整個組織和 IKEA 交涉的經驗。再加上，坎普拉自己，以及史威武公司董事長布魯諾・溫柏格，如今也老了。

這也讓我們學到重要的一課——正如被坎普拉稱為「全公司第二聰明的人」的蓋德爾，早在 IKEA 收購史威武公司前夕就說過的一個關鍵觀念：「IKEA 絕不該擁有供應商。」

大家或許好奇，坎普拉心中最聰明的人是誰？那就是坎普拉龐大帝國的幕後設計者兼律師韓斯・史卡林（Hans Skallin）。不過，我自己倒是認為最聰明的人是蓋德爾。他曾經擔任過財務長，也先後在莫伯格和達爾維格任職執行長時，擔任副執行長。IKEA 這二十年來能有如此驚人的成長和獲利成長，大都是蓋德爾的功勞。

蓋德爾說的一點沒錯，IKEA 自己不該擁有供應商。因為，這樣做不但牽涉到金額龐大的投資，還可能血本無歸，花太多時間和心力讓單一供應商獲得專屬供應商的地位，最後卻可能出現無法同心協力，只為自己打算的結果。相反的，獨立供應商會面臨同業競爭，因此必須生產品質更好且價格更具競爭力的產品，同時也要確保供給穩定，才能取得IKEA的訂單。

IKEA以史威武公司做為專屬供應商，結果剛好相反。多年來，史威武公司不斷得寸進尺，交貨時還會出現貨品短少的情況，IKEA還是得繼續下單給這家公司。其實，如果史威武公司獨立出去，這種供應商早就被IKEA踢到老遠去了。

在一個像IKEA這麼龐大的集團裡，這類失誤當然可以輕易被隱藏起來，就算賠了數十億，也能面不改色。事實上，這件事除了公司高層外很少人知道，外界當然不可能得知。而且，這種事在公司內部很快就會被遺忘。壞就壞在這裡：出了問題卻沒學到教訓，問題很快被拋諸腦後，這已經與學習型組織追求的目標背道而馳了。

| 第4章 |

為什麼熱賣品總是缺貨中？

供應鏈上的幕後祕辛

IKEA跟超過一千四百家供應商做生意，這些供應商遍及全球七十個國家，只有南美洲除外。

這些公司大都會跟IKEA簽定長期合約，載明採購數量與單價。通常，由於IKEA下的訂單數量夠大，足以取得比同業低的價格。畢竟在大多數國家，家具市場都是由當地業者瓜分，相較之下，IKEA是唯一能行銷全球的家具商。就算是規模比IKEA大的Target和Home Depot這兩大美國企業，也只是在美國或美洲市場稱霸。

價格和數量，是IKEA這部機器的核心；沒有這個核心，其他事情就不可能發生。這種價量結構再簡單不過，就是利用「以量制價」的做法——向供應商承諾購買可觀數量的產品，然後要求對方給予優惠價，並換取長達數年的合約。

由於IKEA具有這種降低成本價格的優勢，所以可以降低零售價；當零售價降低，銷量就不成問題。接著，IKEA下一個年度跟供應商訂購的數量也會大增，然後又取得更低的優惠價。就這樣週而復始，靠著採購人員的協商技巧，整個運作能順利進行。

跟其他IKEA的創舉一樣，這種價量結構也是坎普拉的傑作。

長久以來，IKEA一直因為對待供應商太過嚴苛，甚至害供應商破產而遭受批評。但我自己跟供應商接洽的那些年，倒是很少看過這種事情發生，除了一九九〇年代那段時間。

當時，IKEA開始全球化，想要把龐大的生產作業，從西方移往東方。當時，我決定與部分瑞典供應商結束合作關係，改跟中國和東歐的供應商往來。為了讓這決定不會造成太多負面效應，我們付出了相當大的努力。我們當然知道，這並不是一件簡單的任務：要是我們結束跟瑞典供應商的合作關係，殘疾人士在哥特蘭島（Gotland）還能找到什麼工作？

但是，IKEA的價量結構必須順利運作下去，所以生產作業必須大舉東遷。

人到中國，別老在沿海大飯店裡飲酒作樂

在中國，問題本質剛好相反。

跟北歐人相比，中國人是更精明的生意人。多年來，IKEA 的採購團隊不太熱中往中國內地發展，因為每次嘗試都無功而返。跟俄羅斯很像，你會在中國聽到類似的藉口：「內地交通不便，供應商又很難搞。」「不管他們怎麼告訴你，反正那裡的價格不會比較便宜。」

結果，IKEA 的採購團隊和人員，全把重心放在中國沿海地區，在中國的採購量也一直維持在總採購量的一八％到一九％左右。儘管坎普拉一再要求採購人員到成本低廉國家時，「別只顧著在沿海大城的飯店裡飲酒作樂，要往內陸尋覓物美價廉的供應商，才能贏過對手」，但是直到現在，在中國的採購人員並沒有太在意此事。

在一九八〇年代採購部門設立前，IKEA 跟亞洲供應商採購的數量相當少，都是透過代理商負責採購。但是，代理商既不可靠、費用又高，因此 IKEA 在一九九〇年代初期，決定自己在亞洲所有重要據點設立採購部門。

當時，其中一位中國代理商買下一間工廠，繼續為 IKEA 提供家具材料。其實這位代理商的價格並不理想，但品質卻可以接受又能準時交貨；而且每當 IKEA 的採購人員生意談不成，或是遇到品質或技術問題時，這位代理商總有辦法解決，從紡織、染整到縫製這整個作業的工廠網絡，他都熟門熟路。因此 IKEA 一直與他往來，時間長達二十年之久！真不敢想像，這位精明能幹的生意人，究竟從 IKEA「多賺」走了多少錢！

實際上，IKEA 被「多賺」走的錢，遠遠不僅於此。因為，大多數 IKEA——以及其他所有競爭者——都有興趣的產品，只有到中國內地，才能找到價格最低的供應商。但是到目前為止，似乎沒有人能充分利用中國內地如此龐大的可能性。誰有辦法先做到，誰就能在關鍵產品上取得價格優勢，痛擊對手。

幾年前，Home Depot 向英國翠豐集團（Kingfisher Group）買下特力公司（B&Q），這表示這家美國ＤＩＹ連鎖業者，從此以後就能透過特力公司，跟數千家中國供應商建立合作關係，不必花大錢，就能擴大原本的供應鏈，解決 Home Depot 在北美市場的供貨問題。這一來，勢必讓 IKEA 陷入腹背受敵——自己無法深入中國內地，降低成本；而競爭對手卻取得了價格上的優勢。

Home Depot 是相當成功的零售業者，四十年內從白手起家，發展成全球第三大零售業者；而且，以採購量來說，Home Depot 是 IKEA 的三倍多，假如它們懂得善用這個優勢，就可能撼動 IKEA 的根基。但究竟是什麼原因，讓 Home Depot 不自己到中國內地尋找供應商？他們是否滿足於買下特力公司現有連鎖店？他們似乎還不明白，自己坐在什麼樣的金礦上，足以對 IKEA 產生什麼衝擊。

像英國特力公司和法國家樂福（Carrefour）這類零售業者，都是相當成功的零售商。然而，這幾家連鎖零售巨擘卻沒有充分利用他們的優勢，而只是讓這些中國供應商以供貨給當地分店為主。

特力公司之所以能順利進軍中國內地，要歸功於該公司聘用中國人擔任管理高層這項策略，能在當地同仁的協助下，跟當地政府和官員建立關係，藉此取得必要協助。

相較之下，IKEA 向來卻只讓歐洲人負責重要職務；在這種情況下，要是當初他們想進行更大的計畫，就會讓 IKEA 陷入解決不完的問題之中。

IKEA 只讓歐洲人管理亞洲採購辦公室的規定，也很有意思。我不知道公司為什麼這樣做，可能是一九七〇年代和一九八〇年代就流傳下來的慣例，認為只有瑞典人和丹麥人才可靠。最近幾年，這種觀點再度得勢，後續我會再做詳述。不過，這些外派人員通常會舉家搬遷，想住在高級住宅區，子女要進入講英語的私立學校就讀，他們的配偶有時候也要有收入，薪水比本國更高，因此往往讓公司付出大筆費用。

難道中國人、印度人或越南人，真的不配擔任這些職務？當然不是，許多西方企業都在這些國家招募當地菁英。那麼，IKEA 為什麼不能跟進？難道是為了維持這家公司領導階層的瑞典血統？

在一九九〇年代中期前，IKEA 各單位都有一位文化大使，這位大使是瑞典人，也誓言效忠IKEA。但是到了中國，假如要維持這項傳統，就得有好幾百位文化大使，這未免也太超過。現在的上海IKEA，有將近一千名員工，其中約有半數為外派人員。

在IKEA，大家都知道中國採購辦公室一直被當成冷宮，通常是表現不太好的經理人才被派到中國。當然，這並不表示這些派到中國的採購經理都沒有能力，絕對不是，他們只是「能力較差」而已。

講到個別升遷制度這事，IKEA各地的採購辦公室就有兩套做法——西方人有比較好的升遷管道，當地人則無。薪資結構也有兩套——外派人員一套，當地員工一套。IKEA會依據當地市場決定薪資，所以，跟同一個辦公室做同樣工作的瑞典員工相比，當地員工拿到的薪資根本少得可憐。

大家都知道，IKEA是薪資較差的外商企業，也不提供中國員工與瑞典員工一樣的社會福利。其實，亞洲員工的教育程度較高又比較有經驗，更了解當地情況也講當地語言；IKEA經理人卻只會講瑞典腔英語。但是這家公司——尤其是在採購團隊裡——就有這麼奇怪的政策。單從成本效益觀點來看，雇用較多的當地員工、較少的外派人員，才是合理的做法；但是，IKEA卻選擇正好相反的策略。

IKEA當然希望維持低薪資水準，這樣才能降低成本；但是，低薪資水準這種戰術，很難吸引當地優秀的採購人員或技術人員。簡單講，IKEA因為薪資較低，所以沒辦法招募到當地最優秀的人才，只好仰賴昂貴的外派人員。為什麼這樣？難道一切就跟信不信任有關？IKEA採購團隊經理不信任不同膚色、不同文化及講不同語言的員工？

我並不認為IKEA採購經理有種族歧視，只是他們不懂多元化，也對多元化不感興趣而已。雖然目前採購辦事處的情況還是不理想，但是跟過去相比，情況已經有改善了。

從兩百元到九十九元的咖啡桌奇蹟

從一九八〇年代起就在波蘭IKEA工作的哈肯．艾瑞克森（Håken Eriksson），是個經驗老到的員工。一九九〇年代初IKEA買下史威武公司時，他很快就成為一位重要人物。他既有同情心又相當能幹，比大多數波蘭人更像波蘭人，還有一臉大鬍子。這麼多年來，雖然他的波蘭籍妻子只教懂他一些波蘭的基本用語，但對艾瑞克森來說，這倒不成問題，因為他的瑞典腔英語講得無懈可擊，雖然講英語的人聽起來可能很頭大，但是他的波蘭同事們都能完全明白他的意思。

這裡我要簡單說明一下，什麼是瑞典腔英語——也就是我們公司內部所謂的「IKEA語言」。在 IKEA 官運亨通的人，幾乎都會講這種瑞典腔英語。這種英語是一種被簡化的語言，是基於溝通的必要而產生的語言。這種語言用的字彙很有限，也不講究文法，重要的是能達到溝通目的，完全不必講究是否與原始語言相同；而且這種英語的發音，也跟真正的英語發音大不相同。

這就是 IKEA 瑞典腔英語的特色。我在英國 IKEA 工作時，當時還沒有太多北歐人在那裡工作，我們這種講瑞典腔英語的人，往往講話很大聲。有一次，從波蘭開完會搭火車回英國，原本大家聊得正起勁，突然所有英國同事全站起來，走到另一個車廂，只留下我們五位北歐人。後來我們才知道，原來他們實在沒辦法忍受瑞典腔英語，在他們聽起來，我們這種英語發音有夠難聽，而且語意含糊不清，意思表達不明，以英語為母語的人一定聽得滿頭霧水。

回到先前講的艾瑞克森，他跟坎普拉是多年好友，他的工作，是負責「波蘭史威武工廠」，讓蜂巢板（board-on-frame）這個最古老的材質，變成 IKEA 最重要的競爭優勢。

蜂巢板在二次世界大戰期間，曾被飛航工業大量採用，後來最常用於製作門板。所謂蜂巢板，就是將一層木質纖維板，覆蓋在核心像「蜂窩」的紙材結構上，然後在底部再放上另一層木質纖維板。這一來，只需要少許木材，就能創造出堅固質輕的結構，可以大幅節省原物料成本。看看大多數住宅的室內門板，你就知道蜂巢板是什麼了。

以蜂巢板製作、尺寸為55×55公分的LACK咖啡桌，堪稱是IKEA最重要的產品。這款咖啡桌是一九八〇年代所有家具商都會展示的商品，也是常見的現代設計。一九九〇年代，LACK咖啡桌被視為公司內部所說的「優勢」規畫的引擎。

為了讓旗下產品能充分利用蜂巢板的優勢——特別是以蜂巢板製造暢銷的LACK咖啡桌，坎普拉和艾瑞克森決定重新設計工廠的一些舊型家具。對艾瑞克森和他在波蘭工廠那批經理人和生產技術人員來說，細節是不容忽視的，問題也是可以解決的。例如，以新的生產方式生產桌腳，將木質纖維板加以折合，並且找出新的表面處理方式，盡可能提高生產速度。另外，他們也想到運用新的裁切方式，充分使用購進的木質纖維板，不造成浪費。

短短幾年內，LACK咖啡桌的零售價就大幅降低，從二百瑞典克朗，降到九十九瑞典克朗（約新台幣四百四十元），還能讓公司維持獲利，這一切，都要歸功於艾瑞克森不屈不撓的努力工作。

成功打造系統家具，卻敗在供應鏈失靈

我擔任坎普拉的助理期間，頭一次參加產品週時，他在布拉希潘找了十幾位自己信任的

同事一起開會。在阿姆胡特的這間辦公室，就像產品審核辦公室。我們坐在會議桌旁，嘴裡嚼著菸草，桌上放了一些塑膠材質的咖啡杯。

當天與會者，有廚房產品經理韓斯艾克・皮爾森（Hans-Åke Persson），現已過世的廚房產品大師、因為當過包裝工人而被坎普拉暱稱為「紙箱」的裴利・卡森（Pelle Karlsson），行政人員榮格・史凡森（Jörgen Svensson），倉儲經理帕爾・漢恩（Per Hahn），另外還有幾位與會人士的名字我記不起來。

坎普拉發表自己對系統家具的看法。他跟往常一樣，滔滔不絕地講了一個小時，中間穿插一些想法與回憶，以及他特有的嘲諷。當時，我才剛進IKEA，資歷太淺，對坎普拉充滿崇拜，根本聽不懂那些笑話，但其他人都在笑，有些人還笑到失控。

總之，系統家具是坎普拉從一九七〇年代起，就夢寐以求的東西。這項構想跟坎普拉提出的其他構想一樣：簡單，出色。想像一下，如果IKEA的所有抽屜、書架、櫥櫃、廚房和衣櫥，全都有標準尺寸，用同樣的抽屜、同樣的門板、同樣的材質和同樣的附件，那麼在每一個產銷階段，能省下多麼可觀的金額。

而且這項構想不只牽涉到產品開發、組裝、生產、原物料採購，顧客也能更輕鬆地自行組裝家具，一切都有標準尺寸可循。「這可是完美罪行。」坎普拉這麼說。

不過，這次會議後，系統家具的構想就無疾而終了，有好幾年的時間沒進展。這，就是坎普拉的領導風格。系統家具明明是他夢寐以求的計畫，所以他常在布拉希潘辦公室的角落，拿著咖啡跟別人討論。但是他會放手，讓事情自然發展。

我再次聽到系統家具這件事，已經跟上次產品週開會相隔五年。那時，我是負責客廳與餐廳櫥櫃產品的區域經理，跟我一起共事的包括一名產品經理、一位採購人員、一名產品開發人員和一位技術人員，他們向我介紹所謂的系統家具概念。他們終於接受坎普拉的看法，要生產系統家具櫥櫃。

同仁們設計出的第一個版本，長相很奇怪（其實根本醜得不像話，我心想，那真是史上最醜的商品原型），但功能完備，很符合顧客需求，只要用簡單的方法，就可調整系統家具。雖然對顧客來說，會很在意儲物需求，比方說有多少碗櫃及尺寸大小等，但是 IKEA 設計出有門又有抽屜的碗櫃，讓整個家具看起來很有自己的風格，而且目標是以低於 BILLY 系統櫥櫃的價格推出。

另外，當時我們也認為，櫥櫃的表面應該使用 IKEA 沒用過的美耐板貼皮，這種材質具有薄膜特性，既便宜又常被誤認為是木片。這麼做的理由很簡單，如果連專家都無法分辨實木貼皮或仿木貼皮，顧客怎麼能搞得清楚？而且，如果成品價格比 BILLY 系統櫥櫃便宜四〇%到五〇%，那麼 IKEA 原本就講究物美價廉的顧客就可以輕易做出決定。

史威武公司在坎普拉的支持下，要求我們使用薄木片，因為公司已經針對薄木片產能和落葉林進行龐大投資。他們認為以同材質產品跟對手相比，薄木片產品的價差比美耐板產品的價差來得大。但我們認為，如果顧客分不清楚薄木片和美耐板，就會增加價格差異。我們甚至辦過小組座談會，請不知情的顧客針對薄木片貼皮的櫥櫃，和美耐板貼皮的櫥櫃進行討論。讓我印象深刻的是，一位一九四〇年代出生、穿著運動服又自以為是的男士站起來，一邊用手摸著美耐板貼皮的櫥櫃，一邊大聲說：「我就是喜歡這種天然材質的製品！」

經過後續五年、三位區域店經理的努力，IKEA 終於推出美耐板貼皮的系統家具，那就是後來成為新旗艦商品的 BESTÅ 系列產品。在產品經理蒂娜・皮特森林德（Tina Petersson-Lind）的有力帶領下，多功能櫥櫃系統已經發展成熟，成為大受歡迎的暢銷產品。

「直直走進柴房吧（意思是，用木材就對了）。」同仁們會用 IKEA 語言這樣說。有人可能想過，BESTÅ 系列產品的材質，不可能是一般硬紙板或輕質硬紙板。負責系統家具產品的事業單位跟波蘭工廠處理蜂巢板的人員合作，甚至提出改良蜂巢板（board-on-strips, BOS）這個構想。事實上，改良蜂巢板跟蜂巢板是同樣的東西，只是跟硬紙板一樣薄，重量又很輕，可以大幅降低生產成本。到目前為止，這種材質一直有很好的表現。

但是在當時，史威武公司董事會並不看好 BESTÅ 系列產品的潛力，開始提出異議，表示從工資調漲和其他不確定因素來看，他們不知道是否有辦法在波蘭繼續跟許多工廠合作。但是，若要蓋新廠符合需求規模，根本是不可能的事。史威武公司董事長溫柏格跟其他管理高層都不願生產 BESTÅ，產品團隊和採購團隊不知所措，而坎普拉選擇保持沉默，執行長達爾維格也一樣。後來，要為 BESTÅ 負起最終職責的洛夫帶頭反抗。

史威武公司的主張很奇怪，照理說家具工廠搬遷是很容易的事，家具工廠只是水泥地面、四面牆、屋頂和機器組成的。我的看法很簡單，史威武公司可以先建構三到四個改良蜂巢板生產線，幾年後如有必要，就把整個生產線移往東方。但是，在擁有 BESTÅ 這麼棒的產品，還有二百五十家分店、來客數高達五億人、每年發送三億本的商品型錄的有利情勢下，史威武公司卻還猶豫不決。

結果，供需大幅失調。在經濟榮景期間，IKEA 的蜂巢板產能不夠高，無法生產足夠數量的 LACK 咖啡桌和 BESTÅ 系列產品。儘管公司慎選市場推出 BESTÅ 系列產品，但是這款櫥櫃總是銷售一空。經過整整兩年時間，自以為是的史威武公司董事會和 IKEA 管理高層才認清自己做錯了，趕緊設立新的生產單位把事情導回正軌。「IKEA 絕對不該擁有自己的供應商。」蓋德爾當初講的這句話，現在才在 IKEA 內部引起共鳴。策略採購小組沒有討論採購、機會和替代供應鏈，反而把時間浪費在跟史威武公司的代表商談，聽對方找藉口，而史威武公司根本只為自己打算。

這種情況十年前可能發生嗎？不太可能，因為當時的態度不一樣。原本活力十足的文化受到抑制，被審慎的官僚文化取代。二十年前，IKEA 管理階層努力避免問題；十年前，整個重心轉移到解決問題；現在，大家似乎比較喜歡被問題牽著鼻子走。

我在 IKEA 工作的二十年內，看過及目睹過董事會做出許多付出慘痛代價的決定及管理失誤，系統家具產品的發展當然是其中之一，一定讓 IKEA 損失數十億瑞典克朗。要是當初 IKEA 好好處理史威武公司管理高層的意見，就能大幅降低損失，不過 IKEA 這個大集團再次吸收此次損失，沒人敢講什麼，當然也無法從經驗中學到教訓。

沙發套缺貨，光有沙發框架又有什麼用？

IKEA 的供應商團隊在幾年內就從幾千家減少到一千四百家，供應商數目變成採購人員評量自己在 IKEA 內部重要性的一項工具。如果採購人員、採購策略人員或採購經理的主要職責，就是把供應商幹掉，那麼最後這些人就只會做這件事：幹掉供應商。

這個被視為絕妙構想的點子，是由在IKEA擔任採購經理到二〇〇六年才去職的庫多夫（Sven-Olof Kulldorf）提出的，他就像總司令一樣帶領旗下幾乎清一色的男性部屬（女性部屬屈指可數），遠征全球各地。問題是，IKEA的管理階層都沒有進行適當分析，評估一下把供應商數目大減八成，會對產品的價格與供給產生什麼影響。坎普拉當然也置身事外，直到損害已經造成。

從許多方面來說，減少供應商數目的這個計畫從頭到尾都有欠周詳，從庫多夫提出構想並執行計畫，再由接任採購經理的史塔克負責收尾。沒有人說明供應商家數為什麼要減到一

別讓經驗絆著你

經驗，是一切進步的煞車系統。很多人都會拿「經驗」，來做為自己不嘗試新事物的藉口。有時候，借助經驗是明智之舉。但當你需要借助經驗時，務必借助你「自己的」經驗。通常，這會比任何繁複的調查更好用。

～摘自〈一位家具商的誓約〉

千四百家，也沒有人提出證明表示這個數目就是供應商的最適家數；或者這是基於 IKEA 全球各地採購辦公室的人力，評估出來的數字？

當初這項計畫主打的理念，是供應商家數越少，針對每家供應商下的採購數量就能增加，就能以量制價壓低價格。現在，大家都知道這麼做其實大錯特錯。就居家裝修這個產業的許多部門來看，理想的生產數量遠低於史塔克現在下的大量訂單。所以，IKEA 採購團隊挑選的供應商，根本無法提供更低的價格，最後只能走上破產一途。事實上，IKEA 這樣做，也等於冒險成為供應商的唯一顧客，他們過去早就學到教訓要避免這種情況發生，IKEA 內部的經驗法則是：千萬不要包辦供應商七成以上的生產。

即使一千四百家供應商這個目標差不多達到了，但是 IKEA 還是沒有進行後果分析，反正後果很快就發生了。產品嚴重缺貨的情況一再發生，所有事業單位的情況都一樣。全球二百五十家分店的織品架位上空無一物，木製家具、沙發、燈具的情況也一樣，所有產品線都出現來不及供貨的情況。

通常，沙發分成兩部分出售，一是沙發框架，一是沙發套。沙發架笨重不好處理，所以由零售通路附近的供應商生產，因此需要幾個供應商配合出貨。至於沙發套，通常是由原物料成本及生產成本相當低的偏遠地方提供。所以，每款家具的布套最後的出處不是中國，就是波蘭的某家製造商，這些布套材質當然品質不一。根據知名的80／20法則，賣的最好的二〇％布套，就占布套總銷售的八〇％，這表示你必須相當清楚哪些產品會暢銷，先備妥供貨，才不至於造成缺貨。但問題是，對大多數採購人員來說，他們又不是拿著水晶球預測未來的預言家，所以這成了採購工作中難度最高的一項任務。

那麼，後來情況怎樣呢？IKEA在八月發送商品型錄後，暢銷商品幾乎馬上銷售一空，結果因為沙發套缺貨，大家總不可能只買個架子回家。最後賣場裡只剩下過剩的沙發架，公司高層下令，各相關分店的店長若不把問題解決掉就要走人；而在管理團隊的會議上，當然是砲聲隆隆。

後來，我們花了十個月努力工作，才恢復供貨。我們做的事情也很簡單，其實就是所謂的供應鏈管理系統，也就是每款重要布套得由兩至三個供應商供貨。所以，最後等於是恢復採購經理實行偉大計畫前的做法。

經歷這次事件並聽聞各方說法後，我強烈懷疑採購管理階層或策略採購小組，是否已經認清本身犯下這些錯誤的嚴重性，或是否清楚自己為何出錯。但是整件事的成因卻被刻意隱匿，供應商家數銳減造成相當嚴重的副作用，想必讓營收再次銳減個幾十億瑞典克朗，而最糟的是，公司必須好好處理讓顧客失望產生的後遺症。

| 第5章 |

一張小小咖啡桌的誕生

開發新產品，要靠神奇的「產品矩陣」

位於瑞典阿姆胡特中心的布拉希潘大樓，外觀就跟瑞典任何一座市政廳一樣讓人賞心悅目。這棟紅白相間的石磚建築物共有三層樓，大門口有個標示瑞典 IKEA 公司的招牌，來自全球各地的七百五十名男女在這裡工作。其中，瑞典人占了大部分。

早在 IKEA 來這裡設立集團總部的時候，阿姆胡特壓根不是當地的大城。但是現在，這裡有八千五百名居民，其中二千五百人在 IKEA 上班。除了北歐式健走和伐木，這個城市沒有其他休閒娛樂可言；就算是 IKEA 舉辦的員工派對，也沒什麼搞頭。

IKEA 集團的權力中心，就位在這裡；而且整個公司最有趣的任務，也是在阿姆胡特這裡完成的：一件產品在賣場中該怎樣展示，從大策略到小細節，全在這裡決定；不同產品線的價格差異——也就是所謂的價格階梯（price-ladder），同樣是在這裡敲定。總之，這家全球有二百五十家分店、每年來客數高達五億人的集團權力核心，就在布拉希潘。瑞典 IKEA 公司旗下，共分為從沙發到季節家具不等的十一個事業團隊。從主要產品的定價策略、各種產品的預期銷售量和採購量、運送方式和儲藏方式，以及最重要的——哪些分店該展示哪些產品，全都在布拉希潘大樓拍板定案。

有一度，產品從一萬種暴增到四萬多種！

坎普拉和團隊經理間所爆發的其中一次最激烈衝突，發生在一九九〇年代初期。當時，執行長莫伯格推動組織改造，設立一個新的區單位。照莫伯格提出的模式，公司所有分店被重新劃分成三大主要區域——南歐市場、北歐市場、北美市場，外加一個規模較小的東歐市場。

原本，這沒什麼大不了。但當時新上任的北歐區主管拉森，卻宣布要把瑞典 IKEA 公司，當成北歐區所往來的——他是用瑞典南部斯堪納省的方言這麼說的——眾多「批發商之一」。這一來，當然引起總部權力核心的反彈。於是，總部勢力和莫伯格勢力，互相較勁。當時的坎普拉不動聲色，放手讓莫伯格去做。

那時候的我太年輕，才剛去 IKEA 沒多久，無法像現在這麼清楚箇中學問，心想著不過是成立區單位，沒什麼大不了。但是當時公司內部關於權力鬥爭的傳言四起，高層也頻頻走馬換將。先是一位在法國富豪汽車公司擔任經理的葛蘭・卡斯特（Göran Carstedt），要來負責北美區；接著是一位製藥業的重要經理人接管南歐區（名字我不記得了，只記得坎普拉老是語帶不屑地叫他「那個該死的藥丸推銷員」）。但是當時我並不清楚，這些職務分派會對集團產生什麼影響。

不過有件事我很確定——或許也是最重要的一點——瑞典 IKEA 的重要性因此大大降低，淪為各區的「眾多批發商之一」。

對瑞典 IKEA 來說，此事非同小可。首先，這些各自為政的區單位，會產生更高的行政、資訊等費用；而且隨著這幾個區單位更專注於自己的市場，彼此間的較勁也更白熱化。另外，當每一個區都有自己的中央倉庫，公司也就更難處理跨洲的物流。最糟的是，當大家都為了節省運費而開始向各自所在地的廠商採購商品，IKEA 這部機器的核心「價量循環」力量就會大打折扣。比方說，當大家各自採購，採購量勢必減少，成本價格會跟著飆高，集團獲利也因此受損。

結果，瑞典 IKEA 總部因應獲利下滑的方式，是全力擴大產品線——每一種風格，都要有一種產品。最後甚至推出一款大紅色英國風格的書櫃，完全脫離了原本的北歐設計精品路線。在這種情況下，比較大型分店所展示的商品品項，很快的就從一萬種，暴增到四萬二千種。一下子多出這麼多品項，沒多久就讓 IKEA 整個物流系統出狀況。

這次，坎普拉出手了。他親自出馬，再次將公司大幅改組。坎普拉這麼做，可能基於兩大原因：一來，莫伯格所推動的改組，已經嚴重傷害了 IKEA 的業績；二來，一九八九年柏林圍牆倒塌後，東歐出現無限商機，要搶食大餅就需要有強勢的領導團隊。

一九九五年，IKEA 全面推動新組織，派出最優秀經理人擔任關鍵職務。IKEA 在東歐──其中以波蘭最多──買下許多工廠，這些工廠後來由 IKEA 買下的瑞典史威武公司管理，負責處理 IKEA 的大筆訂單。從全面改組成立新組織起，坎普拉重新整頓 IKEA，瑞典 IKEA 的權力核心地位也不再動搖。

事實證明，坎普拉的做法是對的。倒是那些先前從外界延聘的經理人，儘管表現不俗，還是被他打入冷宮。其實這些人在加入 IKEA 的幾年內，不但是受員工愛戴的領導人，也為公司達成預期成效。以負責 IKEA 北美業務的卡斯特來說，他讓營運虧損的北美地區有所起色，在職期間甚至還讓營運轉虧為盈（有趣的是，美國 IKEA 的財務虧損主要是坎普拉的親戚比昂・巴利〔Björn Bayley〕管理不當所致。IKEA 內部用人唯親這種做法容後再敘）。

至於從製藥界轉來的那位經理，在擔任南歐地區負責人不久後，就接掌瑞典蒂布魯市（Tibro）IKEA 辦公家具部門，負責 IKEA 為生產辦公家具剛買下的工廠。在職期間，這位經理人帶領辦公家具部門以驚人速度成長，而其他部門在此同時卻成長趨緩。這位經理人離職時，整個業務又回歸阿姆胡特總部管理，此後辦公家具部門的銷售額大幅萎縮，據我估計，目前辦公家具的銷售額大概只有那位經理人在職時的一半。不過，這幾十億瑞典克朗的損失，再次被龐大的集團吸收。

原來，IKEA 有一套神奇的「產品矩陣」……

每一年，IKEA 都會更新旗下約一萬種商品。另外，每年還會開發約三千種新品。這是怎麼做到的呢？

IKEA 的十一個事業部門，都必須以三年為週期，規畫當年度、下年度及後年度的營運。換言之，他們每一年都得同時兼顧三個年度的目標。其中，當年度的重點通常是現有產品線的供給，特別是那些刊登在商品型錄上的產品，因為這是 IKEA 對顧客已經做出的承諾。與此同時，接下來兩個年度的新產品，也同樣重要。

在 IKEA，開發一項新產品平均要花上兩年時間。照理說，像燭台、簡單造型的廚房用椅，或是地毯這類常見的家具或家飾品，不需要這麼長的時間，不過大企業就是這樣，連 IKEA 有時候也無法倖免。

這麼多年來，瑞典 IKEA 在開發產品的過程中，並沒有特別重視哪些部分。回想我在 IKEA 工作這二十年，我發現 IKEA 的產品開發有一種模式可循，我相信，日後這個模式還會存在好長一段時間。

這個模式，要從所謂的產品線矩陣（range matrix）開始講起。首先，IKEA 將旗下產品分為四種不同的「品味傾向」：**鄉村風**，也就是坎普拉說的「鄉下」家具；**北歐風**，通常是色彩明亮的北歐家具；**現代風**，對歐陸顧客有吸引力的家具；**瑞典潮流風**，款式極為獨特、色彩俗豔的各種家具。這種分類方式的基本理念是要讓所有顧客都可以從 IKEA 挑選到特殊風格的家具，然後自行混搭，搭配出具有鄉村風或瑞典潮流風或自己喜愛的住家風格。

接著，這四種風格會再被區分為四種「價格水準」：高價、中價、低價和超低價（以 IKEA 語言來說，就是「令人眼睛一亮」的品項——breath-taking item，簡稱 BTI）。

於是，四種風格傾向和四種價格水準，就形成了一個「產品線矩陣」。事業部小組會依據新產品矩陣，尋找有待填補的空白——產品矩陣中出現的空白，就是商機所在。

拿鄉村風的咖啡桌為例，如果咖啡桌產品矩陣中的「低價區」出現空白——也就是目前為止並沒有這類型的產品，IKEA就必須盡快推出低價鄉村風的咖啡桌。原因很簡單，競爭對手可能已經進軍這個市場，IKEA當然要不計任何代價應戰。

我先花一點時間介紹IKEA「令人眼睛一亮的產品」，以及它的近親——「痛擊對手的產品」。剛才提到的「產品線矩陣」，其實還可以進一步推演。有些產品在產品線中擔任相當特別的角色。「令人眼睛一亮的產品」是IKEA的必備品項，例如咖啡桌、花盆、布製品，這些產品相當便宜，顧客通常會順手放入購物袋。你可以把這類產品稱為低標商品，因為這些商品的黃色價格標籤上，通常畫著紅色框框，利用這種相當醒目的對比，向顧客強化IKEA想要告訴消費者的訊息：設計好、又便宜。不過在IKEA，每種產品群只會有一種令人眼睛一亮的產品，因為在公司看來，太多令人眼睛一亮的產品，反而會讓效果變差。

至於「痛擊對手的產品」，通常是一種顏色最鮮豔的產品。在整個產品線中其實這種產品相當罕見，但是一旦競爭對手推出這類產品，IKEA也不會示弱。一九八〇年代時，家具業吹起鏡子風，大家都想要黑框或鉻合金框的造型方形鏡。當時IKEA推出ALG這款鏡子，價格卻沒有瑞典各加油站賣的鏡子來得便宜，所以銷路不佳。

後來，IKEA另起爐灶，推出名為JÖNS的鏡子，雖然款式差不多，名字卻差很大——

低價款商品在命名上絕對不能讓人聯想到高價款商品，才不會讓高價款商品的形象受損。IKEA 新推出的這款鏡子尺寸較小，形狀更簡潔，價格更便宜，馬上在瑞典鏡子市場中一舉奪冠，倒是先前推出的 ALG 銷路始終不佳，在 JÖNS 小老弟問世不久後，就全面停產了。

一九九〇年代的省電燈泡，是另一個典型的「痛擊對手」產品。由於省電燈泡廠商組成了同業組織，使得全球省電燈泡的要價維持在每個燈泡為二百到二百五十瑞典克朗（約新台幣八百九十到一千一百一十元）之間的價位。一般家庭通常需要用到三十至三十五個燈泡，換算下來，若要採用比較環保的省電燈泡，將是一筆不小的負擔。相較之下，成本價約為二到五瑞典克朗的普通燈泡，費用便宜多了。

因此，坎普拉要求公司負責照明設備的團隊，到中國去尋找能巧妙規避專利問題的供應商，讓價格能大幅降低。

坎普拉的構想是這樣的：IKEA 可以不必在省電燈泡上賺錢，只要以成本價賣給顧客就行了。他的目的，是想要幫 IKEA 創造「環保愛地球」的形象。不過實際上，據說省電燈泡光是在採購和物流階段，就讓 IKEA 賺了不少錢。

採購人員很快就找到有辦法這麼做的業者。IKEA 包下了那位供應商的所有產量，藉此壓低成本，最後以每個二十瑞典克朗的超低價，賣出這款省電燈泡。想想看，原本市面上省電燈泡一個要價二百到二百五十瑞典克朗，現在IKEA卻只賣二十瑞典克朗，市場價格當然很快就被打亂。不久後，所有規模較大的零售業者都效法IKEA，例如瑞典零售商必特瑪（Biltema）就迅速跟進。

目前，LED燈泡的情況就跟當年省電燈泡一樣。不過依我所見，雖然LED燈泡也同樣因為受到專利保護而要價不便宜，倒是有件事不一樣了：現在的坎普拉年事已高，未必能想出克敵制勝的方法。而且更糟的是，IKEA內部缺乏這種有遠見又能洞悉商機的人才，連執行長達爾維格、瑞典IKEA負責人洛夫或坎普拉兄弟，也沒這種能耐，無法像坎普拉那樣，能用幽默的方式激勵員工。但我相信，現在的IKEA最後也還是有辦法靠LED燈泡取勝，傳統燈泡很快就會消失，勢必為IKEA創造大好商機。

現在IKEA的產品線中，還有一些銷售長達三、四十年的代表商品。比方說：POÄNG扶手椅、BILLY書櫃和IVAR櫥櫃都是具有收藏價值的暢銷商品。假如有人想要以更便宜更好的產品取代這些代表商品，一定會踢到鐵板，給自己難看。關於這點我很清楚，因為我擔任區域營運經理時，就曾有好幾次這樣做，結果都碰了一鼻子灰。

可以確定的是，這些代表商品當初都是IKEA仿照其他設計師的作品所推出，因此這些商品的造型其實都很常見，包括一些IKEA最重要的競爭對手也推出同類商品，而且售價通常更低。

一九八〇年代時，為了避免對手在尺寸、材質和價格上與IKEA進行惡性競爭，坎普拉決定替每一款代表商品推出「超低價版」。這種被我們內部戲稱為「杜絕對手跟進版」的「超低價版」，通常尺寸小些、材質差些、外觀醜些，功能也少些，卻非常便宜。

在家具這種行業，原地踏步太久就會完蛋。IKEA面臨的根本問題是，價值鏈的每個階段——從採購、配銷、產品開發和店內營運——全都要處於獲利狀態才行。儘管這一來，每項產品會因為利潤一層層地往上加，而使得最終成本大幅提高，公司依舊規定最終的產品售價至少要比同業低一〇％才行。這是莫伯格擔任執行長期間，集團管理階層所做的決定。

這種對獲利的重視，就是坎普拉創下的價值鏈核心所在。坎普拉在一九七〇年代寫下了九個觀念，做為IKEA文化的根基（詳見本書附錄〈一位家具商的誓約〉），文中再三提及，獲利是好事，獲利讓公司有辦法茁壯，變得更有實力。

然而，今天當對手也開始進入市場大打價格戰，IKEA想要維持這種模式，顯得越來越困難。因為現在競爭對手實力更強，競爭也更加激烈。

不過，全球家具市場目前還是很分散，也囿於區域性，要打敗IKEA這種龐大對手仍是相當困難。就算是Target和Home Depot這些零售巨擘，也仍然只以北美地區為主要市場，跟 IKEA 重疊的市場相當有限。

一張小小咖啡桌，是如何誕生的？

IKEA 的產品開發小組會議，通常是從「提出構想」開始的。接下來，我們就以某一款超低價咖啡桌的開發經過為例子，來認識一項 IKEA 新產品是如何誕生的。

關於咖啡桌，IKEA 當然已經有基本構想，例如：得方便消費者能和家中的影音設備一起使用；有收納搖控器的地方；邊角最好修圓，桌面和桌子下方全部都要磨平修整，才不會讓孩子擦撞受傷。

既然這款咖啡桌（以 BOSSE 為例）是超低價商品，重點當然落在材質與功能的取捨了。通常，咖啡桌的材質會選擇松木和雲杉木，因為價格便宜，外觀又能跟鄉村風家具搭配。致勝的祕訣，就在於如何「節省」材料——看不到的地方，能省材料就一定要省，但絕不可以因此讓外觀打折扣。

產品開發小組的組長，通常由產品開發人員擔任。他會跟設計師——可能是在瑞典 IKEA 上班的設計人員，或是特約設計師——討論，產品開發小組組長得向設計師做簡報，一旦簡報做得不好，或是沒有提供足夠的資訊，整個計畫就會因此延誤長達好幾個月。在 IKEA 內部，**「完整的」產品開發資料，得包含對產品外觀與用途的完整說明，意思就是產品的特性與用途更勝於圖樣**。

在下次會議中，設計師會拿著 BOSSE 咖啡桌的草圖進來，跟小組成員討論。達成共識後，設計師會先行離去，留下小組成員繼續就咖啡桌的設計做最後確認。這些討論最好是在史威武公司工廠現場，或是已有模型製作廠的供應商那裡進行，這樣才能更精準地掌握產品生產作業，避免因估算失誤而造成成本上揚。比方說，萬一尺寸和切面不正確，就會讓成本增加，整套成本估算就得重新來過。不過，在 IKEA 這種情況相當少見。

為了讓生產團隊不必經常往返工廠，阿姆胡特總部也特別蓋了一間模型製作工廠。當工廠把 BOSSE 的產品原型製作好之後，事業部的設計師也會製作出 BOSSE 咖啡桌的立體圖，說明實際尺寸、附件、拆裝功能（讓顧客自行組裝物品的功能）和包裝方式（如何搬運、保護內容物等等）。

這整個流程依照審慎規畫的時程表進行。在 IKEA，所有新產品都必須經過審核，確定產品具有市場性並能賣得好，才能獲得批准進入生產作業。這時，懷抱希望的產品開發人員會針對 BOSSE 咖啡桌做簡報，經由企業經理人和設計經理審核。如果通過審核，最後就會由產品評鑑會批准通過。

理論上，所有產品紀錄都要送交坎普拉核備，但實際運作未必如此。不過若有坎普拉親筆簽名最好，這表示可以進入生產作業了。如果檔案被退件，我們通常會在文件邊緣空白處，看到坎普拉寫的評語。

莫伯格於一九八六年擔任執行長後，坎普拉仍然對新產品握有正式否決權，因此坎普拉對新產品的批評，必須拿到產品評鑑會上討論。「材料不對」、「設計缺乏美感」、「功能不實用」或「價格太高」，這些都是坎普拉常見的評語。有時候，他甚至會用潦草的大寫字

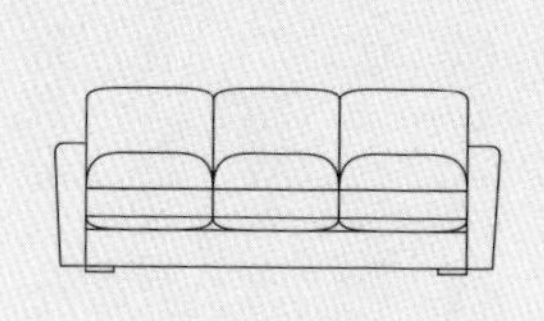

桌子的品質

品質本身不是目的，必須依據消費者的需求調整。比方說：桌子就比書架更需要堅硬耐用的表面。所以，用較昂貴的方式處理桌面，能讓消費者使用得更久；但如果書櫃架子也這麼講究，只會讓消費者多花冤枉錢，反而沒好處。

～摘自〈一位家具商的誓約〉

母，在產品紀錄文件空白處這樣寫：「笨死了！到鎮上隨便一家店看看，只要六十三瑞典克朗（約新台幣二百八十元）就能買到！」不過，有時他也會給予「做得好！」這種評論。

現在，你或許好奇：IKEA的產品是怎麼命名的？

專門負責替產品命名的單位，是IKEA的行政部門。書櫃，他們通常會以男性名字來命名，例如BILLY和KOMMENDÖR等；至於桌子和櫥櫃，則是用LEKSVIK、ÅBO這類地名；沙發也是以地名命名，例如：KARLSTAD、EKTORP和BROMÖLLA。行政部門有一個檔案，列出所有可能的產品名稱，為產品命好名後，就會將產品名稱、產品用語和產品編號等資料輸入電腦系統，做為產品識別。

IKEA二〇〇〇年商品型錄中，名為AMIRAL的櫥櫃系統，就是我跟一群滿腔熱忱的同事合力推出的新產品。我們認為這個以橡木製成、帶有未來主義風格的系統櫥櫃，剛好適合當時的氛圍，也打算讓這個系統櫥櫃成為產品線的主打商品。

但當我們向坎普拉展示商品原型時，他看過後先是面帶微笑，接著從喉嚨發出不屑的笑聲。「這真是我看過最醜的東西，看起來就像一九七〇年代的德國火車車廂。」他語帶嘲諷地說。

他向我們保證，這樣的系統櫥櫃絕不會在市場上造成什麼轟動。事實證明，他的研判沒錯，AMIRAL 推出僅僅一年就停產。這個例子再度讓我們看到坎普拉的管理風格——他其實知道產品不會成功，但若當初下令禁止我們推出這款系統櫥櫃，我們不但士氣大受打擊，也無法從這件事中學到什麼教訓。

像他這麼有眼光、冷靜又能容許錯誤的人，實在很少見。最後我們決定停產這系列產品，當時他就講了上面那段話，也讓我們銘記在心。相信我，儘管我八年前就離開那個單位，但是後來 IKEA 推出的客廳櫥櫃，絕對比 AMIRAL 好看。

怕別人追上，自己就要加快腳步

如果你問我，IKEA 在生產方面最重要的競爭優勢是什麼？我會說，那一定是 IKEA 的「產品矩陣」。當十幾年前，公司決定將產品分成四種風格，並依據不同價格水準區分後，就明顯出現了公司的三大優勢。

首先，事業部可以**很輕易就找出產品線中有待加強的市場區塊，也可以向設計師清楚說明自己所要的商品風格**。大家都知道，市面上已經有許多鄉村風的家具，以往 IKEA 的鄉村風商品，都是從供應商自行開發、然後置於展示室的商品中精挑細選出來的。

有些顧客或許還記得，有一款ÅBO——這個包含了床、五斗櫃、書櫃的鄉村風系列。為了壓低價格，這系列商品的材質較差，而且尺寸偏小。想也知道，推出這樣的東西，注定不會有好下場。

這款商品其實很多業者都有賣，市面上隨處可見。大家都有的結果，就是消費者只管價格是否便宜。

IKEA當初推出ÅBO這個產品系列，就是為了壓低價格，然後號稱自己是市場最低價。因此，只好在木材、塗料和配件上能省則省。其他有些業者甚至偷工減料，所生產出來的家具結構不夠強，有的還會搖搖晃晃，坎普拉就曾嘲笑這些家具「根本是用黏的」。不過，整體而言，鄉村風家具在IKEA風光超過十五年，也是最暢銷的商品系列之一。

為了避免ÅBO系列最後演變成價格戰的歷史重演，我負責櫥櫃產品業務時，以破紀錄的速度推出IKEA自行設計的兩大鄉村風系列商品——LEKSVIK和MARKÖR。這些產品是由史威武公司旗下的工廠直接開發，從構想到商品問世，只花了五個月的時間，相當於一般產品開發時間的六分之一。

能發揮這麼高效率，靠的是整個團隊的合作無間，加上當時的工廠產能閒置，以及雲杉木供應無虞。當時，雲杉木比松木便宜得多，但缺點是有枝節洞孔和斑點，很難直接製成

IKEA所要求的透明塗漆家具。後來，我們克服了這個問題，方法是在節孔處塗膠，填平表面的坑坑洞洞，讓表面有一種復古感，最後再上磨光漆。

整件家具的每一個細節，都經過設計師、產品開發人員和生產技術人員的分析，然後找出能節省用料與壓低價格的方法。比方說，這系列家具的所有重要部位——例如角落和表面——都以實木製成，讓消費者覺得結實牢固，品質很好；但實際上，在比較不重要的部分——例如隔板——就改用比較薄的材質。最後，我們成功將這款商品定價在八百九十五瑞典克朗（約新台幣四千元），只有對手同款商品的三分之一。

壓低價格、壓低價格、壓低價格

LEKSVIK是受到一七七二年到一七八五年瑞典新古典主義時期風格啟發的產品系列，設計師卡莉娜・班斯（Carina Bengs）成功發揮了這系列書櫃給人的柔美感覺。

第一次在新產品審核會議上，看見工廠拿來的產品原型，我們就知道這項產品肯定大賣。我絕不會忘記，當時採購策略人員得意的告訴我們，我們可以把售價定在九百九十五瑞典克朗（約新台幣四千四百元）。我馬上提出疑問：為什麼不乾脆把售價壓低到六百九十五瑞典克朗（約新台幣三千一百元）？這樣公司還是有利潤可言。

那位採購策略人員氣得滿臉通紅，直呼不可能。我完全可以理解他為何反應這麼激烈，因為我們已經跟製造商討論過生產作業，不可能壓低價格。儘管如此，幾個月後，我們還是辦到了，我們在成本低廉的國家找到幾位製造商合作，最重要的是，我們把數量增加二至三倍以壓低成本，讓我們能夠把售價降到六百九十五瑞典克朗，還能讓店面利潤維持在一〇％到二〇％。

換言之，價格降低了，但我們並沒有犧牲產品品質、設計或功能。我們創造出一項對手無法抄襲的產品，這，正是 IKEA 這部機器保持正常運作時所能創造出來的獨特成果。這系列叫好又叫座的產品，以超低價格銷售，讓對手望塵莫及。

LEKSVIK 和 MARKÖR 與 ÅBO 系列最大的不同點，就在於 ÅBO 系列是市面上常見的家具，就連設計風格也沒有什麼特色；LEKSVIK 和 MARKÖR 卻是特色家具，至少設計新穎獨特。要跟 ÅBO 系列家具競爭，唯一方式就是縮小尺寸和配件，壓低成本；這也就是為什麼，市面上出現很多低價劣質品。

但是，LEKSVIK 和 MARKÖR 這類商品不同。我們打從一開始向設計師解釋產品構想時，就講明白了要採取低價策略。最後透過這位優秀女設計師的精湛設計，加上跟當時我們能找到價格最低的傑出供應商合作無間，才能創造出造型好看又物超所值的獨特家具。

也許有人認為，這種做法也沒什麼特別。但是，要在短期或中長期內，剽竊同樣的做法是根本不可能的。這些年來，IKEA為了達到集團要求的獲利水準，逐年調漲這兩個系列的商品售價，這樣做老實說很危險，因為售價調高後就跟對手同類產品的價格相去不遠，這表示IKEA以往存在的價格優勢也會逐漸消失。LEKSVIK書櫃二〇〇一年上市時，才賣六百九十五瑞典克朗，現在要價九百九十五瑞典克朗，等於調漲了四三%。七年時間，當然可能發生很多事，例如木材價格隨著石油價格飆漲，但是，這幾年木材價格已跌回以往的水準，IKEA卻沒有調整產品售價。

最近幾年，IKEA總算在廚房用品、床墊和衣櫃等品項上看到了此一現象。現在，IKEA廚房產品價格硬是比對手便宜很多，同時也是毛利最高的產品之一——超過四〇%！

產品矩陣帶來的第二個優勢，就是讓**顧客在店內更容易從風格一致的商品做挑選，自行組合搭配創造個人的居家品味，不必從不同風格的眾多商品中費心挑選**。另外，為了方便顧客利用四種不同風格的家具自行搭配，IKEA特別在產品顏色上下功夫，讓顧客可以更容易自行搭配。

同樣的，在相關變數都設定清楚後，**產品開發人員及其團隊也更容易設計出既美觀又實

用的家具。畢竟，這可是由IKEA頂尖家具大師所開出的必備條件，而且產品開發人員根本不必從頭開始設計，或為後續幾年的產品顏色傷腦筋，因為一切已經明文記載在檔案上，照規定來就行。

另外，我認為「**年度週期表**」（year-cycle），也是讓IKEA領先對手的另一個關鍵。從「年度週期表」上，我們可以看見公司每一個年度所要召開的決策討論會，包括會議名稱、會議時間、與會人員、決定事項等等。所有產品的流程——從設計到架構、生產、銷售預測及型錄與店內賣場的處理方式，全都在年度週期表上加以清楚規範。

這個週期表，為IKEA帶來兩大貢獻。首先，有了這個週期表，公司可**及時中止產品開發流程，或隨時開啟不同的產品開發流程**。其次，是**確保產品上市的最後期限**。如果你所負責的產品上市日期延誤，或是根本錯失上市良機，就會被視為一項嚴重失誤。犯下這種失誤的人，將來想在IKEA內部好好發展，機會將大打折扣。這不難理解：在IKEA，所有產品都會事先印在型錄上，要是型錄出刊後產品卻無法上架，管理高層當然很難再信任當初承諾會準時出貨的同仁。

IKEA的東西，抄襲別人的設計？

長久以來，IKEA一直擺脫不掉某些傳聞的困擾，其中之一，就是IKEA會抄襲、剽竊別人的設計——推出外觀相似的家具，然後價格只有原版高檔家具的一半。

IKEA真的這樣做嗎？

沒錯，在一九七〇和八〇年代那段期間，IKEA確實抄襲過一些最熱賣家具的設計。IKEA能發展成今天這麼大的集團，這些「抄襲品」確實幫了不少忙。這樣講一點也不誇張，因為這些抄襲產品對IKEA的總銷售額一直有很大的貢獻，IKEA推出的許多櫥櫃、扶手椅和燈具都是來自抄襲名家之作，只做了些微的修改。

不過，從一九九〇年代起，IKEA就培養自己的設計師了，並且還在商品型錄和賣場中放上設計師的照片，來證明IKEA已經洗心革面，改掉了過去抄襲他人作品的壞形象。

坎普拉是個懂得放低身段、善於轉移焦點的精明生意人。前面提到過，他對外聲稱，世界上原創的作品本來就少之又少，大家都是從別人的作品裡獲得靈感的。但是，坎普拉其實有兩套標準——寬以律己，嚴以待人。要是有人敢抄襲IKEA設計的產品，早就被成群律師告到傾家蕩產——這就是「別人從IKEA的作品裡獲得靈感」的下場。

多年前，我剛上任客廳櫥櫃事業部經理那幾週，就目睹過一次產品抄襲。當時，一名年長的產品開發人員找了一位設計師開會，會後他告訴我，提供了哪些資料給設計師。我一看，那份所謂的資料，根本不是我們預定開發產品的特性和用途說明，而是從對手商品型錄上剪下的圖片——圖片上有一張山毛櫸木長方形咖啡桌，玻璃板桌面下有儲物功能。

當時，我剛接任事業部經理，對這種事毫無經驗，完全不知所措，壓根兒沒想到這種下流的事竟然是真的。最重要的是，後來這項抄襲作品變成熱賣商品，而且賣了好幾年才停產。那是我擔任事業部經理期間，第一次見到抄襲他人作品這種事。

我後來要求停止這種剽竊行為，並不是因為我比較有良心，也不是我同情競爭對手的設計師。相反的，我的職責是評估怎麼做才對 IKEA 最有利。至今我仍相信，抄襲他人作品絕不是一條該走的路，因為一旦你這麼做，將永遠總是落後別人一步。換句話說，要是我認為剽竊是門好生意，只要對公司絕對有利，我會讓它成為我們的主要策略。

但，我不認為 IKEA 的家具部門會再次發生剽竊行為。因為，無論是產品開發人員、產品線經理和其他同仁，他們的優異能力已經讓 IKEA 不必再這麼做了。

至於燈具和收納盒這部分，我就不敢說了。我離職前看過的一個案例，是二〇〇五年的燈具計畫。當時，執行計畫的團隊到中國深圳拜訪一位重要供應商，精明的中國老闆帶我們參觀工廠，最後走進展示室時，裡面堆滿的全是抄襲別人設計的燈具。後來我漸漸明白，IKEA 的燈具產品，尤其是暢銷燈具，都出自這個展示室和這家工廠。

坎普拉當然對 IKEA 產品線的發展方向和採購方向影響甚巨，但我認為，瑞典 IKEA 負責產品開發的那群人，扮演的才是決定性的角色。我認識其中的一些人，他們雖然職位不高，卻有辦法讓自己的意見被採納，讓自己的構想獲得事業部和坎普拉的支持，而且他們有能力讓構想開花結果。

我永遠懷念艾克・史梅伯格（Åke Smedberg）這位熱愛設計的產品開發人員，可惜他在二〇〇八年英才早逝。史梅伯格是奇葩，腦筋動得很快也動個不停，個性開朗隨和，跟技術人員連納特・艾瑞克森（Lennart Eriksson）合作，在十八個月內就讓 MAGINER 和 DOCENT 這兩大暢銷組合櫥櫃問世。他們兩人跟一家承包商合作，甚至讓傳統木板印花技術重新問世。

木板印花技術從一九六〇年代就存在，但是當時這種技術既不精巧又沒有效率。現在 IKEA 捨棄了實木貼皮或美耐板貼皮的做法，直接利用印製報紙或海報的滾筒印刷方式，將花紋印在木板上，而這種做法的效率好極了，在交貨日期之前就能早早全力生產。而且讓人驚訝的是，這位組合櫥櫃的承包商竟然是史威武公司。不說也知道，這項生產作業當然是由派駐波蘭的傳奇人物哈肯・艾瑞克森負責。

最近的例子是採購策略人員皮爾森（基於保護當事人，在此使用化名）。他雖然不年輕卻幹勁十足，運用巧思在整個事業部，他也是 MAGIKER 和 DOCENT 這兩大組合櫥櫃的採購策略人員，並且繼續發揮本身的長才，比方說：輕質塑合板就是他提出的構想之一，他也是 IKEA 旗艦商品 BESTÅ 的幕後推手。

但是，皮爾森最近提出的構想規模更大，坎普拉聽到這些構想後，請他到策略採購小組簡報他的想法。簡報完後，坎普拉一臉嚴肅地看著與會董事和經理人，因為皮爾森提出的構想需要五千萬瑞典克朗（約新台幣二・二億元）才能進行。

「在決定花多少錢投資皮爾森的計畫前，誰也不准離開會議室，我初步估計他大概需要二億瑞典克朗（約新台幣八・九億元）才能馬上展開計畫。」坎普拉這麼說。

皮爾森拿到二億瑞典克朗，現在正努力為 IKEA 開發新一代材質。這是 IKEA 有史以來，員工與管理高層如此親近，創新者和不願放棄的事業家如此惺惺相惜。皮爾森正在忙什麼？這是 IKEA 的祕密，而我基於關心這位令人欽佩的老同事，也不便公開。當你拿到 IKEA 新的商品型錄時不妨注意一下，或許謎底就在裡面。

第6章

讓你越舒服，你就會越想花錢

IKEA讓消費者上鉤的祕密

IKEA這部機器裡，有個小齒輪是坎普拉不太在行的，那就是：物流管理。這的確有點怪，其他部分再怎麼複雜——從原物料林地、產業、產品開發到分店賣場——坎普拉都一清二楚，而且是從小細節到大策略都瞭若指掌。但是講到物流，他就沒輒了。

然而，IKEA最重要的競爭條件之一，當然是要有良好的物流管理。我推測，坎普拉之所以不懂物流管理，原因出在他打從心底認為中央倉庫和物流系統既龐大又花錢，根本是價值鏈中完全不重要的部分。

當然，IKEA其實在全球各地有很多中央倉庫，而且每個倉庫的面積都很大。但是坎普拉所秉持的政策，一直是能不加碼投資興建倉庫就最好不要，盡可能把重點放在如何提高物流效率。只是從以往經驗看來，物流一直是 IKEA 的要害。

秋天，是 IKEA 最重要的銷售季

對 IKEA 來說，秋季是最重要的銷售季，因此這段時間最重要的，是將所有商品存貨準備齊全。IKEA 知名的商品型錄，就是在每年秋季出刊。

型錄上的所有商品，當然都得供貨無虞才行。因為在那段期間，最熱賣的商品通常很快就賣完，每年九到十二月的銷售量占全年銷售量近四〇％，如果在銷售旺季無法備妥足夠存貨，造成缺貨而錯失銷售良機，就會讓整年度的營業額大打折扣。

想像一下，當你走進 IKEA 賣場，心裡可能盤算好要買的東西，結果卻發現你所要買的全都缺貨，你肯定會心想：怎會有這種事？

其實這種事經常在 IKEA 發生。瑞典 IKEA 約有一百位訓練有素的同事，每年會針對產品線幾千項產品的銷售量進行預測，這些品項依據服務等級一、服務等級二、服務等級三加以區分。服務等級一，是重要品項，比方說 IVAR 系列用的交叉拉桿、SULTAN 彈簧床架；各事業部的暢銷商品也屬於這個類別，例如：夜燈、BILLY 書櫃、BUMERANG 衣架和

EKTORP 沙發。

服務等級一的商品，占總營業額的大宗，但是品項數目不到產品品項總數的一〇%。服務等級二的商品占總營業額的比率，則跟品項數目占產品品項總數的比率差不多。服務等級三的商品銷路不佳，是產品線中比較不重要的產品，這類產品大約有五千到六千種，占總營業額不到五分之一。

既然服務等級三的商品賣不好，為什麼還存在？答案是：為了推銷產品線中的暢銷商品，就必須提供一種情境，一種整體架構。德國人把這種做法稱做 angebotskompetänz，意思就是「全都擺出來給你看」，我認為這個字確實點出了這項做法的精髓。

這很容易理解：當你走進一家只賣粉紅色褶裙的服裝店，就算你喜歡店裡的商品，你還是會轉身走人。因為在你決定買下粉紅色褶裙前，你其實也想看看紅色荷葉邊裙和粉紅色緊身裙。你很清楚自己想買褶裙，但你也想看看其他替代品。人們在選購窗簾和櫥櫃時，也有同樣的心理。

IKEA 每一種服務等級的商品，都跟特定效能需求有關。比方說：服務等級一，表示這些品項在從生產、運送、倉庫保管到送至賣場這整個價值鏈中的重要性最高。這聽起來很合理，但遺憾的是，實際運作卻是另一回事。預測人員通常都猜錯了，他們跟大家一樣無法預知未來，往往不是把服務等級三的商品當成暢銷品來處理，就是輕率地看扁服務等級一產品的銷量。由於服務等級一和二的品項數目有限，這樣一來就會錯將重要品項列入服務等級三，最後導致重要品項嚴重缺貨。

大家或許會問，既然如此，為什麼負責預測的人不拿前一年的銷售資料做依據，這樣或許可以做出更準確的預測？答案是：在IKEA的世界裡，這種做法根本行不通。因為，IKEA每年會更動三分之一的產品，而這些新商品根本沒有過去的銷售數據可供參考。而且，每年型錄上和其他行銷活動中，商品的比重也不同。

所以，在為產品、型錄和價格做預測時，我們通常只能拿現有的品項來參考。舉例來說，當我們要推出一款叫做KARLSTAD的新沙發，我們會從先前所推出的KARLANDA沙發的銷量看起（現在這款沙發當然不像當年那樣暢銷，因為價格較高，款式也差不多）。另外，由於我們預期KARLSTAD沙發推出後馬上就能大賣，因此我們也會檢視EKTORP這款暢銷沙發。

但是，我們也不能光拿沙發跟沙發做比較，而是得同時把價格納入分析。因為顧客在選購沙發時，價格是重要的取決因素。通常，當我們把一款暢銷沙發的售價調降二〇％，就會產生槓桿效應——增加的銷售量將遠遠超過二〇％。舉個實際數字來說，如果EKTORP沙發平常售價是四千九百九十瑞典克朗（約新台幣二萬二千元），把售價調降二〇％後，所能增加的銷售量不是二〇％，而是五〇％。降幅只要夠大，就會讓顧客難以抗拒。

為了建立有根據的預測，我們會檢視 EKTORP 沙發在過去幾年內不同價格水準的銷售量變化，然後在辦降價二〇％促銷時，提高庫存。

預測沙發銷售量，可是一大挑戰。先前我說明過，生產沙發架不難，各地供應商都可以迅速供貨；問題出在沙發套，從訂購到上架，要等上六個月的時間。光有沙發架、沒有沙發套，沙發根本賣不出去。而且這裡也適用80／20法則——最暢銷的幾款沙發，會占沙發總營業額的八〇％。換言之，如果我們對沙發銷售量的預測不正確，IKEA 的營業額就可能因此損失高達好幾十億瑞典克朗。

假如你去 IKEA 卻空手離開，要怪就怪坎普拉

關於物流與銷量預估的問題，有部分原因是出在 IKEA 董事會——奉行坎普拉的理念——拒絕擴大倉庫規模，也不願意在更多地方增設倉庫，來處理日漸增加的產品流量。

造成的結果是，為了讓產品得以順利上架，大家都得絞盡腦汁。比方說，如果能減少

「等級一」的品項數目，就能大大節省倉庫空間。通常，暢銷商品需要龐大的倉儲空間。一個棧板相當於一立方公尺的空間，而在 IKEA，每年的暢銷商品需要數以萬計立方公尺。大家不妨想像一下，五十萬個歐規棧板上，擺滿 EKTORP 沙發的畫面。

假如我們對於銷售的預估出錯，不僅供應商會繼續源源不絕地供應大量沙發，吃掉我們的資金，而且花大筆錢買進的沙發卻賣不出去，如何存放還會形成一大問題。

下次你到 IKEA 逛逛，想買的商品卻缺貨，請別驚訝。供應商未能及時供貨或「商品補貨中」這類藉口，只不過是隱瞞事實的障眼法。事實是：IKEA 的重要商品，缺貨是很正常的，因為坎普拉為了省錢，就是不想在店裡擺太多存貨。有人替公司緩頰說，以這麼便宜的售價，要百分之百備足存貨是不可能的，因為成本太高了。所以顧客要忍受這種不便，畢竟魚與熊掌不可兼得。

看到這裡，你可能會很訝異，IKEA 怎麼會這樣？如果產品賣得掉，存貨又充足，這樣不是能賺更多錢，總比讓存貨老是不夠來得好？

是這樣沒錯，但這種情況只限部分暢銷商品，約占整體品項中的二〇%而已。其他商品的情況剛好相反。IKEA 的問題就在於，總是擺脫不了高層心裡的恐懼感——擔心暢銷商品會造成物流量過大，然後因為物流無法順暢而得擴大倉庫規模。

也就是說，下次你光臨 IKEA 卻空手離開，很可能正是坎普拉不想解決物流問題所造成的。這麼多年來，我幾乎沒聽過坎普拉關心暢銷商品是否有足夠存貨。其實 IKEA 具備一切讓暢銷商品全年不缺貨的條件：優秀的員工、能力強的供應商等等，唯一缺的，是足夠的倉儲空間——其中包括因應銷售突然爆量，而必須為商品準備好的緩衝庫存空間。

一間家具店，到底應該賣多少種品項？

以年銷售量數百萬的 BILLY 書櫃為例，這種商品所需要的緩衝庫存空間就很大。但是，BILLY、EKTORP 和其他 IKEA 暢銷商品總是缺貨，因為公司選擇不進一步投資倉儲空間。IKEA 這樣做不是因為沒錢，而是因為坎普拉精打細算，算準了反正顧客還會再上門。

後來，IKEA 集團的物流暨採購經理史塔克，提出「以商品流動速度決定存貨地點」的新做法。在德國，IKEA 有著占地面積廣大的倉庫，這些倉庫利用先進的電子揀選技術，儲存歐洲所有流動較慢的商品。這樣一來，各地方的分店就可以把倉儲空間留給流動快的商品，不必跟流動慢的商品爭奪倉儲空間。據我所知，這項做法試行得相當成功，暢銷商品的物流也因此獲得改善。這個構想是史塔克自己想出來的，這也告訴我們，如果能以創新的觀點看問題，就能想出絕妙點子。

多年來，坎普拉一直要求物流人員，要設法讓主要供應商直接出貨給分店。基本上，這是一個好構想，減少暫存倉庫，成本應可大幅降低。但缺點是，以 LACK 咖啡桌來說，每次最低訂購量是一卡車，這些商品要一、兩個月才能賣完。通常，分店的存貨周轉率以兩至三週為主，如果在分店擺放這麼多數量的 LACK 咖啡桌，就沒辦法找到足夠空間擺放其他商品了。

而如果分店想要有足夠空間擺放展示品和存貨，必得擴大店面空間。目前各分店每天的補貨品項已經多達好幾千種，再加上過去幾年業績持續出現高成長，大多數分店根本無力妥善管理存貨，更讓這個問題日漸凸顯。

但儘管有這麼多問題，坎普拉還是堅持要讓供應商直接出貨給分店。於是，各地分店只好以「減少商品種類」來因應。在 IKEA，總公司會將分店依據面積大小，區分為 A B C 三種等級，然後依據等級規定各分店應提供的品項數目。剛開始，分店們各自想辦法與總公司協調，解決倉庫空間不足的問題；不久後，大家決定團結起來，向瑞典 IKEA 提出抗議，不再遵照總部所規定的品項數目。

後來，分店派出代表與瑞典 IKEA 協商。為了保持競爭力，分店代表認為應提供的商品品項是五千種，這表示，只要賣一些暢銷商品就夠了。坎普拉的小兒子、曾經當過幾年丹麥分店負責人的馬第亞斯，甚至認為只要約三千種商品就可以了，他每次出席會議，都會激動地提出這個看法，卻一直沒有被採納。不過，他畢竟是坎普拉的兒子，在IKEA裡還是有人會聽他的話。

「馬第亞斯，如果把商品品項減少到三千種，你的對手會高興到睡不著！IKEA會沒有生意可做。」坎普拉嚴厲地教訓兒子。

馬第亞斯在IKEA工作多年，又當過幾年零售經理，竟然還提出這麼極端的看法，似乎很奇怪，尤其是馬第亞斯跟他的兩位哥哥，可都是這家公司的接班人。了解IKEA價值鏈和競爭優勢——也就是了解整體情勢的人都知道，馬第亞斯的看法有多麼危險。

不管怎樣，經過協商之後，還是調降了部分分店的品項——全球較大分店的商品品項仍然維持在幾千種，其他分店則可減少。但沒想到，後來大多數分店為了規避總部的規定，想盡辦法不讓自己被歸類為大分店，於是更大規模地減少商品品項。事實上，分店雖然可以選擇提供較少的商品品項，但是不能讓每個品項的內容受到影響，像「IKEA兒童天地」（Children's IKEA）這些規模較小的事業單位，原本在賣場中的商品品項就不多，再減少品項就幾乎快消失不見了。當顧客發現商品種類越來越少（IKEA推出的兒童商品，一下子從八百種減少到兩百種），當顧客覺得不再有太多選擇可言，購買樂趣就會跟著消失，IKEA的生意也會跟著受損。

顧客想立刻把東西帶回家。真的嗎？

在IKEA，大家都能琅琅上口的一句話，就是：顧客想要馬上拿到商品。不管買的是整套廚具，或是像燭台這種小東西，他們都想當天就把東西帶走。

不過，腦袋稍微理性的人都知道，多等幾天、用貨運送到家是比較理想的做法。否則，自己得趁著週末，到賣場一一找出所需要的各種配件，再把東西放進四、五台推車內去結帳，然後開車載回家，一定會把自己搞得筋疲力盡。

我們大都知道，通常顧客最急著想帶回家的，是在型錄上看到的某個靠枕、或是廚房裡急需的一張椅子。但講到沙發，就不是那麼一回事了。顧客們應該都願意等上幾天，讓廠商送貨到府。像沙發和廚房系列用品這類體積龐大的家具，顧客都樂於在賣場上直接透過IKEA送貨到府服務，安排商品運送事宜。畢竟，大多數人根本沒辦法自行開車，把體積那麼龐大的商品載回家。

但是，公司高層卻還是堅持，在 IKEA，商品不論大小都要讓顧客「立即滿足」。小至蛋盒，大至皮沙發，都要以能讓顧客馬上帶回家為目標。

關於商品項要多少才理想，以及如何滿足顧客「立即滿足」的需求，我跟 IKEA 的少數同仁看法一致。我們認為，最關鍵的是 IKEA 所推出的商品內涵——夠不夠多樣化、夠不夠精緻、數量夠不夠多。只要能提供顧客種類夠多、吸引力也夠的商品，就能讓業績更迅速成長。

但是，IKEA 的管理階層顯然認為，商品種類的多寡，要看一家店的面積大小而定。這種想法老實說，有它的時代背景，因為在一九九〇年代初期，IKEA 各分店所提供的商品種類，一度多達四萬二千種。

然而，時代不同了。過去，很多顧客喜歡自己把廚具搬回家；現在，幾乎所有顧客都認為這樣做是自己找麻煩，寧可自費請 IKEA 運送。特別的是，在 IKEA 買越多東西，運費就越高；跟常見的生意手法「買越多，運費越低」剛好相反。

坎普拉寫於一九七〇年代的〈一位家具商的誓約〉，其中第一條就是：產品，就是我們的識別。如果真是這樣，IKEA 就該好好檢討現況。每家分店平均提供約一千種商品（根據瑞典法令，這是商業機密，我無法提供確切數字），種類少到令人擔心。跟德國、法國和北美地區的主要競爭對手相比，根本是一大劣勢。像IKEA兒童天地、沙發、家庭工作站、照明和布料織品這些事業單位，已經因為賣場空間有限，導致銷售趨緩，營收不振。

或許，IKEA跟傳統百貨公司一樣，受困於自己所設定的商業模式之中。這類百貨公司都希望，商品能一應俱全——從硬體、食品、服裝、書籍、影音光碟到香水通通都賣。但是，基於物流和獲利能力的種種限制，反而讓大多數商品的競爭力大打折扣。我指的是：商品不夠多樣化、不夠精緻、存貨不夠多，因此不足以吸引夠多顧客。

比方說書店，當然不能只賣暢銷書，而是得同時賣一些別的書才行，不然的話，顧客就會對書店的信任感大打折扣。事實上，有瑞典亞馬遜之稱的adlibris.se，短短幾年內就成為瑞典第三大書商，靠的不是好運，而是這家書店提供各式各樣的書籍，而且價格相當實惠。對所有零售業來說，商品種類不夠多，絕對是一大敗筆。一九八〇年代時，我在傳統百貨公司工作過，他們的做法就是不斷減少商品種類，直到今天，這類百貨公司還是這樣做，難怪業績不見起色，獲利能力逐漸下滑。

相反的，什麼都賣，當然也不是解決之道，真正的解決辦法，是讓不同的產品線都有一款能跟更專業的對手一較高下的主打商品。而我的經驗法則是，要勝出，除非你能把價格壓低到比對手便宜三〇％到五〇％。

到目前為止，我用很多篇幅說明IKEA的物流，原因很簡單：物流效率就是零售業要成功的先決條件。當年莫伯格面試時就問過我：「零售業者成功的條件為何？」我就是這樣回答的。

讓你越舒服，你越想花錢……

IKEA的分店，簡單講，是由四個部分組成的：家具展場、餐廳區、結帳區和倉庫區。為了盡量拉高營業額，店長們會從家具展場上的「實品居家展示間」和「單品展示」這兩大關鍵下手。

所謂實品居家展示間，就是你在IKEA看到的那些一間間裝潢好的家具展示空間，通常一家分店會有五十到六十個這種空間。

一般來說，顧客一進到IKEA賣場所遇到的第一個展示間，設計越多樣化越好。因為每個顧客的品味不同，得盡量讓每位顧客一進到賣場，就看到自己喜愛的設計才行。接下來的實品居家展示間，才會依據鄉村風、北歐風、現代風或瑞典潮流風等產品線組合布置。一般來說，通常會由家具經理，決定展示間要擺放的沙發款式、材質、櫥櫃顏色和設計風格。拿客廳或臥房為例，每個展區裡都會有個幾種風格。

IKEA有一條座右銘是這樣的：「想要把東西賣給顧客，最好的方法就是：先讓顧客看看東西要怎麼用。」因此在客廳實品居家展示間裡頭，沙發和櫥櫃這些主要商品，會依據四種不同風格做搭配。之後，就由溝通暨展示間部門的室內裝潢師接手，將各個展示間設計得就像有人住一樣，讓顧客覺得這些商品既有吸引力又相當實用，希望自己家裡也有這麼棒的布置。

即使顧客體驗之後，最後只買了書櫃或沙發，在看過展示間的布置後，他們也能感受到IKEA用心在協助他們布置住家的一番心意。

接著，為了增加銷售量，家具經理必須確定，最暢銷的沙發和櫥櫃一定要擺放在最重要的實品居家展示間裡。這裡說的「最重要的展示間」，是指在顧客動線上「最容易走到」和「最容易看到」的展示間。至於顧客動線上看不到的那些展示間，就是所謂的「偏僻區」，通常會擺放較不暢銷的商品。根據80／20法則，放在這裡的商品對營業額的貢獻不大，卻有存在的必要，可讓顧客感覺IKEA提供了很豐富的選擇。

根據經驗顯示，每一家展場中，應該包含一百二十個到一百五十個刻意擺放的箱子。這種白色長方形的置物箱，裡頭會放著設計精美、功能極具巧思或價格超低的商品。你可以發現，許多實品居家展示間裡都有這種箱子，箱子裡會擺放展示間中有展示的小物件，好比說售價十瑞典克朗的燭台。**顧客也許買不起展示間裡的沙發，但大都買得起展示間裡的燭台，這樣不但能聊表慰藉，也能刺激顧客重新布置自己家的客廳。**

為什麼到處都有小燭台、馬桶刷？

一九八九年夏天，德國漢堡施尼爾森（Schnelsen）分店開幕。

身為新進人員，我被分派去跟一名從瑞典來打工的兼職員工一起負責基層工作。我們要做的事就是，在開幕當天把家具展示區的置物箱擺好。這件工作其實還細分成幾個部分，我們只負責把一個兩公分長的金屬掛鉤，掛在每個置物箱上，然後在鉤子上放上一些IKEA的購物袋。聽起來這件工作誰都能做，不是嗎？

錯了，才沒那麼容易。

這天早上，這棟以亮藍與亮黃色為主的建築物首度敞開大門，向漢堡居民招手。店內擴音器裡播放著來自瑞典烏普蘭斯韋斯比（Upplands Väsby）、紅遍歐洲的歌曲〈倒數計時〉（the Final Countdown）。好幾千人開始湧進店裡，每個階梯、每個走道和每間實品展示間，全都擠滿了人。突然，鼎沸的人聲一下子安靜了下來，全睜著大眼朝這個方向看。「奇怪，怎麼了？」我跟同事還在忙著把鉤子鉤上置物箱，心裡納悶著。冷不防地，幾十雙手向我們伸了過來，直接就把鉤子上的袋子扯掉，然後很快地消失在走道擁擠的人潮裡。

那天早上在施尼爾森分店發生的這一幕，是IKEA的慣用手法。他們會在人潮湧入賣場前，先創造一波宣傳高潮，讓顧客對IKEA充滿期待。這種手法最常應用在分店開幕、新型錄出刊，或週五大做廣告時。

等到人潮進入賣場後，就由精心設計的賣場行銷接手。在顧客造訪賣場期間，這些行銷手段會幫顧客洗腦，讓你覺得彷彿有人抓著你的手走進賣場裡的一個個展示間，讓你買更多東西。IKEA利用擴音器、看板、陳列、顧客通道、單品展示區、實品展示間，讓顧客在整個購物流程中激起購買欲，創造一種非買不可的狂熱欲望。漢堡施尼爾森分店的顧客也在那股狂熱欲望下，從金屬鉤上扯下購物袋，開始大買特買。

IKEA最常利用夜燈這種小東西，來引誘顧客上鉤。當你搭乘電扶梯進入賣場時，通常會看到裝滿夜燈的十到十二個箱子，在IKEA內部，直接就把這種小商品稱為「打開錢包」。因此，箱子裡只能放那些會讓顧客衝動掏錢購買的商品，一般來說，就是價格便宜到會讓顧客想都不用想的那些東西。

除了夜燈以外，要價十九瑞典克朗（新台幣八十五元）的木框也賣得很好，三色一組的馬桶刷效果也很不錯。

如果你被這種技倆騙了，挑選了這些商品的其中一種，表示你已經上鉤，IKEA已經讓你甘心掏腰包。你反正已經肯花錢買東西，繼續再買其他東西就不是難事了。

「我根本不知道自己需要這些東西。」IKEA的顧客事後通常會這樣形容這種誘惑。

你想知道，在IKEA賣場裡人手一袋、那個黃色袋身、藍色手把的購物袋叫什麼名字嗎？我們都管它叫「坎普拉袋」。這種袋子的唯一用途，就是讓你在賣場中盡量往裡頭塞東西。畢竟，IKEA提供讓人難以抗拒的商品，而且商品擺放的高度也經過精心設計，讓顧客隨手一拿就能放進購物袋裡。萬一顧客進入賣場時忘了拿購物袋，也沒關係，賣場內的購物動線上有幾處都會隨時擺放購物袋，下次你到IKEA賣場時可以注意一下。IKEA不會讓顧客空手而回，大家一定人手一袋，買一堆東西回家。

還有，賣場中擺的置物箱，也是要讓顧客願意掏錢的誘餌。這些置物箱的擺放位置都是經過特別設計的，通常會放在家具展場、結帳區、自助倉庫和熱狗攤結帳櫃檯後面。

IKEA曾經針對賣場進行過幾年的行為科學研究，對於置物箱裡頭要擺放什麼、擺在哪個位置，都有幾項法則可遵循。這些研究成果當然不是出自哪個學術單位，而是由我們現場工作同仁實地調查的結果。

調查結果顯示，這些**置物箱必須「不」引人注意，但裡頭必須擺放超低價商品，讓顧客只要看中意，就能毫不猶豫地馬上行動。**

一九九八年夏天，坎普拉、我，以及當時瑞典IKEA負責人亞得史川德，一起去視察瑞典各分店。這次旅程原本相當輕鬆，因為坎普拉心情一直很好，在視察分店時都沒有發脾氣。但是，一進到馬拉達倫（Mälardalen）分店，我們就看到入口處顧客推擠的混亂狀況，進到賣場後的情況也一樣，店內人潮擁擠，連結帳處都出現了排隊人龍。

我們三人一臉困惑地面面相覷，這是我們見過最混亂的狀況——到處都是垃圾、看板歪了、展場家具被弄破了，這根本不符合IKEA的作業標準。

儘管如此，店經理隆尼看起來就跟平常一樣開朗，在坎普拉面前照樣神色自若，似乎並不怎麼在意自己負責的分店髒亂成這樣。坎普拉不動聲色，由店經理挽著他的手視察賣場，偶爾停下來看看實品展示間或置物箱，謹慎地向店經理建議賣場該做怎樣的改變。

我知道有件事鐵定會讓坎普拉視察分店時動怒，那就是：商品沒有標價。比方說：如果他看到一張扶手椅或花器上沒有標價，肯定馬上臭罵店經理，要對方知道所有商品都有標價的重要性。通常，只要他一生氣，周遭的人就會坐立難安，這正是坎普拉的權威所在。

「產品沒有標價，是最嚴重的大錯。」這是坎普拉要賣場遵守的最重要規定，原因很簡單：如果顧客不知道商品多少錢，就不會買。

先前我說過，實品展示間是設在賣場裡頭的一個個家具展示區，至於「單品展示區」，則是在一連串展示間後的「空檔區」。在這裡，我們會一排排擺放著 IKEA 提供的所有沙發、櫥櫃、電視櫃或書桌。每樣家具都會依據顏色、木材、風格、功能或尺寸依序陳列。

家具經理通常會把暢銷品——例如 EKTORP 這種暢銷沙發——擺在最顯眼的位置。因為消費者通常會一邊逛，一邊有意無意地留意特定風格或顏色的家具。這點，英國人倒是與眾不同，他們不是用眼睛來挑選沙發，而是以實際試坐來決定。他們會在沙發單品展示區，一一試坐完所有沙發，然後挑選坐起來讓他們感覺最舒服的那款；至於德國人和瑞典人，則是以外觀為挑選條件，他們通常會先挑出外型最令他們滿意的沙發，接著才試坐，然後再決定是否購買。

買抱枕，代表你已經上鉤了……

現在，除了費心思考要把哪種款式的沙發擺進賣場裡，IKEA 也引進自動化銷售，甚至拿來做為自己的競爭優勢之一。

所謂自動化銷售，是指無需店員也能達成商品的銷售。但自動化銷售要成功，前提是要有好的商品型錄、價格標籤和其他標示做輔助。舉價格標籤為例，你會從 EKTORP 沙發上的標籤，看到以下的標示：

EKTORP Lillemor，黃色、走道 G、架位 67

這種標示背後所代表的，是 IKEA 的顧客會「自動」走到價格標籤標示的自助區位置，自己拿下沙發和沙發套，放入購物車內。

今天大家所看到的實品展示間，既迷人又具誘惑力，而且看起來很獨特，但過去可不是那樣的。現在，IKEA 總部會直接將所有重要品項的布置草圖準備好，換句話說，不管在哪個國家的哪個分店（除了極少數的例外），實品展示間的所有重要細節都一樣。

至於單品展示區，則比較是訴諸理性的陳列了，不像實品展示間那麼講究情境。當你受到實品展示間的誘惑，心裡盤算著：「這麼多漂亮沙發擺在這裡，我至少該買一套回家。」這時，單品展示區就會抓住你的注意力。

當你走出實品展示間後，會自動走進單品展示區。你將發現自己置身在各種款式的沙發裡，也起心動念想要購買。但你不曉得的是，其實這些**你視線所及的沙發，全是 IKEA 最暢**

銷的商品，只是價格不同，這樣你才會很快就專注於自己買得起的那一款上。

然後，你會看到單品展示區後面，有套沙發上貼著黃紅標籤——紅色標籤代表特價商品。你趕緊走過去瞧瞧這款沙發，但很快就發現這款沙發只有一種顏色，而且是你不喜歡的那種；坐起來也不舒服，號稱是三人座沙發，卻長度寬度都有限，根本坐不下這麼多人。

於是，你在短短幾分鐘內又決定了，放棄這款特價品。你開始想，乾脆買貴一點的好了，因為便宜的沙發都不合適。「寬敞、坐起來舒適，而且貴一點的沙發比較好，畢竟一分錢一分貨，反正IKEA的東西還是很便宜的。」你心裡暗自盤算著。

就在你盤算的時候，其實你已經默默地被引入結帳櫃檯了。

就算你這次沒買成，無所謂。在IKEA賣場中，置物箱會「剛好」就擺在你會經過的動線上，負責讓你心甘情願掏出錢包。又比如，當你在沙發區中試坐各款沙發時，一定會看到沙發上擺著許多抱枕，好讓你順手拿起自己喜歡的一個塞進購物袋裡。也許這次你還買不起沙發，沒關係，帶一個抱枕回家也不錯。或許再等一個月，你就有錢買沙發了；而到時候，你也知道要上哪兒去買、要買哪一款了。

道理很簡單：要跟沙發搭配的那個抱枕，已經放在你肩上背的購物袋裡了。

你逛的是熱區、暖區，還是冷區？

為了讓讀者更明白 IKEA 賣場工作的複雜度，我們可以來看看賣場裡的「熱區」（hot-hot space）、「暖區」（hot space）和「冷區」（cold space）。

想像一下，你眼前擺了一張賣場內部的平面圖。每個顧客從入口到結帳櫃檯所走過的路線，都被暗中監視；你走的每一步、你的每一次駐足，都會被觀察並標示在內部的平面圖上。現在，再想像一下，有一千名顧客走進店裡，每個顧客在店內購物所走過的不同通道、單品展示區和實品展示間，也都被繪製出同樣的購物路線。這些路線圖一條一條堆疊起來，我們就能看出店內有哪些地方人潮擁擠，有哪些地方被冷落。

而其中，最受顧客青睞的地方，就稱為店裡的「熱區」，其次是「暖區」，最不熱鬧的則是「冷區」。

知道這些有什麼作用？其中自有大道理：沙發單品展示區、廚房實品展示間和地毯展示區的最佳銷售點，全都位於賣場的「熱區」，因此擺的都是各品項的暢銷款。

這個基本原則聽起來很容易理解——重要的暢銷商品，本來就該擺在人潮最多的熱區，因為商品越是暢銷，就意味著越能滿足更多人的需求（否則它們就不會成為暢銷商品）。再說，只要將暢銷商品擺在熱區或暖區，就能接觸到許多顧客或潛在顧客。

這個原則，照理來說也適用於一般雜貨店或服飾店。但實際上，很少零售業者會利用這規則來設計自家賣場。像 IKEA 這樣，會同時兼顧以上各種賣場設計技巧的業者其實並不多見。

多年來，IKEA 的賣場設計，一直遵照著熱區、冷區、置物箱、單品展示區和實品展示間等各種原則。我們的專家一走進賣場，很快就能找出哪裡是熱區、哪裡是冷區。一旦少了這套準則，就得依據銷售人員的個人主觀品味，來決定產品線中最重要的暢銷商品要擺在哪裡。

更糟的是，有些零售業者壓根兒不管顧客的想法，隨便憑著某個店員的偏好，就決定如何陳列商品。靠運氣布置賣場，或像 IKEA 那樣嚴謹的規畫，兩者之間的差別計算下來，前者的營業額可能會比後者少上三〇％到四〇％呢。

每一家 IKEA 分店，都有「三王一后」……

為了讓賣場產品發揮最大效益，IKEA 甚至更進一步，讓各國分公司製作一本名為「三王一后」（Three Aces and a King）的手冊，並開放讓各國分公司自行印製，因為不同國家之間，顧客的品味差異會很大。

說到各國的顧客品味，我們發現，德國人討厭橡木家具，因為這種材質讓人想到過時家具；在他們看來，把橡木直接劈開、上漆製成家具，根本稱不上精緻。至於英國人通常比較喜歡有花紋的材質，而荷蘭人喜歡亮橘色……。因此，即使IKEA全球分店提供的產品高達九成五是一樣的，但是各國分店仍可依據當地顧客的需求和喜好，自行判斷哪些產品和風格會賣得最好。

在《三王一后》手冊中，我們會列出產品線中最重要的品項。分類標準很簡單，就是依據功能和材質來區分。以第二事業部負責的客廳櫥櫃為例，就區分為咖啡桌、櫥櫃和電視櫃；然後，各產品類別再細分為單品；櫥櫃類別還細分為BILLY、BESTÅ和IVAR等組合櫥櫃。

但部門主管都太忙了，不可能每天把焦點放在那麼多的產品上，因此在這本小手冊中，會列出所有產品的「三王一后」，然後以《三王一后》手冊列出的產品做為銷售重點。少了這本手冊，銷售經理就不可能集中火力投入促銷暢銷商品，也就不可能有亮麗的銷售成績。

三王，指的是將每個產品區分成三個類別：對營業額貢獻度最大的商品（暢銷商品）、對毛利貢獻度最大的商品（毛利率最高的商品），以及產品區中「讓人眼睛一亮的商品」（超低價商品）。**一后**指的，則是即將成為暢銷商品的新商品，或是對毛利貢獻度佳的商品。

在負責賣場規畫時，最重要的一點就是要依據《三王一后》手冊。因為這個手冊是遵照

80／20法則制定的，哪裡該擺綠色盆栽，哪裡該擺五斗櫃，你都能在手冊中找到指示。簡單來說，冷門商品就該擺在不重要的冷區，暢銷商品就該擺在人潮聚集的熱區和暖區。IKEA當然不是唯一利用這些原則規畫賣場的業者，但老實說，能這樣貫徹始終的零售業者並不多。

不著痕跡地，讓消費者願意花錢

IKEA的絕對強項之一，就是能以不著痕跡的方式，在顧客幾乎沒有察覺的情況下，操

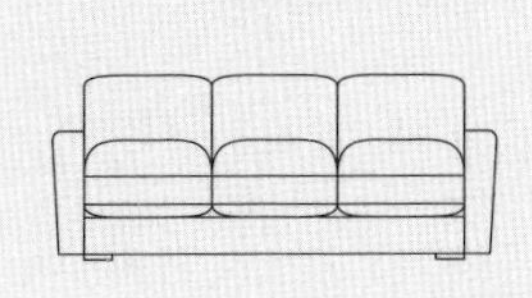

專注，是很重要的

作戰時，讓戰力分散的主帥最後一定會落敗。同時參加很多種競賽的運動選手，也有相同的問題。

對我們來說也一樣：專注，是非常重要的。我們無法同時攻占不同的市場，因此要集中資源取得最大成效（而且不要花太多錢）。

用最少的資源，做你想做的事。

～摘自〈一位家具商的誓約〉

控顧客的購買欲望。就像是在購買流程中有一隻看不見的手，隨時操控著顧客的意願，唯一目的就是讓顧客買更多東西。

當你踏上電扶梯進入家具賣場時，整個操控流程就啟動了。在這裡，你會看見誘惑你「打開錢包」的陳列，還有放著「坎普拉袋」的箱子，這樣你就可以沿途挑選便宜貨往購物袋裡塞。

接著，當你沿著主路線（也就是灰色步道）往前走，你會發現一間間品味新穎的實品展示間，還有一些有趣的商品。你所到之處，都是一堆讓你動心且款式多變的商品，還有一支支箭頭——天花板、牆壁和地面上到處都有——指引著你，保證你不會迷路，彷彿有隻結實的手領著你往前走。

你在店裡逛得盡興又開心，甚至沒有留意到你已超出灰色步道多走了十來公尺。這樣的設計，為的就是讓你多繞一些路，多看一些商品。

每一個轉頭，你都有新發現，「熱區」的暢銷新品接二連三映入眼簾；你在店裡這樣一路逛下來，直走、轉彎、再直走、再轉彎……。毫不客氣的箭頭一路引導你走到新目的地，但你不會覺得很累；你肩上的購物袋可能已經擺滿了東西，最後索性拉一台購物車來放，騰出更多空間，放進更多東西。等到結帳櫃檯時，購物車裡可能已經擺滿了東西。

回想這整個購物流程及體驗，在家具賣場裡逛的過程，從頭到尾都受到 IKEA 的設計，但你完全察覺不到，也沒時間去思量自己是在什麼情況下買了什麼東西，因為這一切，都是在潛意識裡運作的。

接下來再想像一下，你正走進了 IKEA 賣場，打算依據購物清單來買東西。

你清單上的第一項物品是五斗櫃。於是你走著走著，經過臥房區和衣櫥區，走進了五斗櫃區，一邊想著，臥房展示間的那些家具好迷人。出門前你就在型錄上挑了幾款，而現在你眼前擺滿了各種款式的五斗櫃，這些商品的陳列方式，跟其他家具行大不相同。

首先，這些五斗櫃一個個擺得井然有序；其次，跟商品有關的所有細節都仔細列明在價格標籤上。

五斗櫃區中有兩到三個小走道，你可以直接走到最裡面的那道牆。這裡的五斗櫃分顏色分風格區分擺放，有些五斗櫃有白色標籤，列出商品的資訊及售價，這些是暢銷商品。

你在型錄上看到的那幾個五斗櫃呢？喔，其中有幾款是暢銷品，擺在最醒目的地方。然後你看到後面還有一排五斗櫃，掛著黃紅標籤，並以粗黑字體標示售價，這就是「令人眼睛一亮」的超低價商品（這種商品的唯一功用，就是強化「IKEA 物美價廉」的訊號）。可惜，你要買的五斗櫃不在其中，沒關係，你還是會在賣場裡看到其他超便宜的五斗櫃，所以你不自覺地告訴自己：這裡的每樣東西都好便宜喔！

總之，賣場內的種種標示及價格標籤，就是要讓你不假思索地做出購買決定。

光是印一期型錄，就要砍掉一畝地的樹……

在這一章裡，我試著詳細說明 IKEA 如何將古老的銷售技巧，轉化為現代化的經營手法，並在規畫賣場的各項細節時一絲不苟——每個細節都有「名堂」，都經過再三檢視及討論。

我自己在 IKEA 工作時，就有幾次這種經驗：花了好幾個小時或好幾天的時間，就只是討論入口處沙發展示區的沙發擺放，到底是要跟顧客動線成四十五度角，還是六十度角。當時，討論陣容還是一個「十人小組」，包括家具經理、溝通暨實品展示間部門派來的室內設計師，以及沙發區負責人及店經理。

外人聽起來，或許會覺得這未免太勞師動眾。但這些討論確實有其必要，讓具備不同長才的菁英透過討論達成最後共識，就能創造出賣場和商品的吸引力，以及營業額。IKEA 的主要競爭優勢，就是這樣打造出來的。

換言之，當競爭對手急著透過店員強力推銷，或是以清倉大拍賣來促銷商品時，IKEA

卻巧妙地讓顧客自願走進家具的童話森林。到目前為止，沒有哪一家競爭對手有辦法突破IKEA的這項優勢。這項優勢源自於數十年來所累積的經營智慧，是由具強烈銷售企圖心的傑出家具經理，和美感十足的室內設計師與溝通人員，彼此合作無間的產物。IKEA這種營運順暢的賣場，就像一個生命力十足、不停演化的有機體。

IKEA旗下的分店，通常要負責兩項重要工作：

1. 讓更多上門的人變成顧客。
2. 讓顧客在逛賣場時，買更多東西。

相反的，如果這些人只逛賣場不買東西，IKEA不僅賺不了錢，還會賠錢，畢竟公司為了吸引客人進入賣場，已經投資了不少錢。再說，客人都已經上門了，當然是有東西要買，店家當然有理由讓他們買更多東西。

顧客每在坎普拉袋裡多塞一樣東西，就會讓IKEA多賺點錢。現在，IKEA製作及發送的每一本商品型錄，成本就要三十瑞典克朗（約新台幣一百三十元），IKEA每年寄送的商品型錄就多達幾億本，這些錢，當然必須從賣場賺回來。

各地分店的行銷活動都由 IKEA 的地區行銷經理負責，目的當然是吸引客人上門，並讓他們能在賣場裡掏錢消費。除了用廣告和公關活動吸引潛在顧客外，商品型錄也是一個行銷利器。

現在 IKEA 的商品型錄，已經成為全球發行量最大的刊物之一。型錄是由 IKEA 位於阿姆胡特的一間公司負責製作，這間公司擁有北歐地區最大規模的攝影室。目前商品型錄的總發行量是一億九千八百萬本，分別譯成二十七種語言，分成五十二種版本發行。光是印製這些型錄，就需要砍伐一畝地的木材，而且隨著 IKEA 的年度成長，型錄需求量也跟著增加，因此每年印製型錄需要的木材量，也增加了一五%到二〇%。

再來說說分店經理的兩個主要職責。其一，雖然分店經理的工作跟宣傳無關，但也必須讓人潮變成顧客，因此從營運方面來說，他們的職責就是兼顧設計人員的創意，以及銷售人員對顧客需求及產品銷售力的了解，既讓客人能夠上門，又能讓他們甘心掏錢消費。

分店經理的第二項職責，就是為顧客的採購流程打造出一個適當情境，讓賣場運作順暢。簡單來說，賣場的運作原則就是：**用越少的資源，讓顧客買越多東西**。一旦賣場運作不順，就會反映在營收上，比方說：結帳櫃檯人力過剩、產品流動失控、貨架商品亂成一團，或物品遞送規畫不當，導致有時存貨過多，有時卻嚴重缺貨。

每天營運時間結束後，各分店還要完成兩項重要工作：一項工作就是補貨，另一項工作就是整理賣場，這是賣場每天都要做的事。

總之，要在零售階段創造不錯的利潤，唯一的做法就是擴大營收，同時留意營運流程的績效與成本。

我在德國瓦勞分店擔任家具經理的那幾年，在這方面有相當寶貴的經驗。那段期間，瓦勞是IKEA營業額最高的一家分店。另外，我在管理英國里茲分店時，也讓我對賣場營運有了更深入的了解，里茲分店在開幕的第一年就營運得相當成功。

我必須指出的是，里茲分店能夠成功，泰半要歸功於行銷與公關部門的宣傳得當，讓賣場一開幕就湧進大批人潮。里茲分店在一九九五年開幕，開幕那幾週因為人潮太多，讓附近的高速公路交通癱瘓；等著進場的客人在店門口排成長達一百多公尺的人龍，而店內等著排隊結帳的隊伍更長。

我跟五百名同仁在開幕那週，一起設法度過這場人滿為患的難關。里茲分店一度名噪一時，一是因為整個賣場造價低廉，二是因為十一個月內就興建完成。我在職的那兩年，里茲分店的店營業額比預期高出三〇％到四〇％，而營運費用也比預期低很多，當時還成為IKEA其他分店經理朝聖學習的對象。

里茲分店營運成功，也讓我在IKEA站穩了腳步。我離開里茲分店後，就成了坎普拉的貼身助理。

| 第7章 |

石牆綠苔的迷思

IKEA文化，一一攤在陽光下

IKEA的官方版創業史，跟授權托克著書所描述的一樣：從一家小公司起步，所有員工為了公司營運努力不懈；這些員工並沒有特別優秀，但會以公司利益為優先考量；至於創辦人坎普拉，則一直與員工們並肩打拚。

IKEA偏好的一個官方形象，是一面花崗石牆上長滿綠色青苔，展現出創辦人坎普拉家鄉瑞典史馬蘭的夏日風情。

瑞典廣播公司在一九六五年，以重點新聞特別報導了IKEA古根斯柯瓦分店的開幕現場。當時的坎普拉不到四十歲，剛買了一部保時捷跑車，身穿樣式簡單的訂製西服，臉部表情僵硬，嘴上叼著一根菸斗，鼻梁上架著一副玳瑁框眼鏡——這副打扮，跟後來我們常看到的樸實形象截然不同，後來的坎普拉很少再穿西裝打領帶了。

在我當他助理那段期間，有一次到古根斯柯瓦出差時，與幾位負責家具業務的同事一道吃午餐。他們從古根斯柯瓦分店開幕後，就一直負責家具銷售業務。他們聽到我接下坎普拉助理職務時，七嘴八舌地跟我提起坎普拉的轉變。這些人曾在阿姆胡特總部待過一段時間，接受公司的內部訓練，也在一些場合見過坎普拉。當時，IKEA只有幾百名員工，但是坎普拉從來不跟同事打招呼，也不太直視別人的眼睛。「那時候，他看起來很害羞。」其中一位同事說。他們誰也不相信，坎普拉的轉變會這麼大，變成這麼受歡迎。

開保時捷的老闆，變身為簡樸大亨……

這就是我要講的重點：幾年後，大約一九七〇年代初期，坎普拉突然以嶄新形象出現，這個形象就是如今我們熟悉的形象。與此同時，IKEA的營運版圖也開始向國外拓展，坎普拉開始嚼口含菸，留起鬍子，穿著舊衣物。他身邊的同事——雖然年紀都比他年輕——也都這副打扮。跟過去比起來，坎普拉在外觀上真的判若兩人，同樣是四十幾歲，但幾年前坎普拉還西裝筆挺，現在卻穿起一九七〇年代的過時衣物，嘴上叼的菸斗也改成口含菸，個性也從持重寡言變成開朗善辯。

你或許會好奇，坎普拉個人風格的改變，跟 IKEA 的企業文化有什麼關係？

答案是：兩者息息相關。或許我們永遠不可能知道當時他怎麼想，也不可能知道他為何做出這種轉變；但是不管怎樣，坎普拉的脫胎換骨——從一個看了就討厭的嚴肅主管，變成嘴裡嚼著菸草、不講派頭的現代管理者，我認為，其實就是 IKEA 文化的起源。

在我看來，坎普拉外表上的改變不是最重要的，比較重要的是他內在的改變。我猜想，當時的他已經開始接受節約、簡樸的哲學；幾年後他發表的論述〈一位家具商的誓約〉，應該就是從那時就有的想法。這樣的哲學，再加上他在經營上的理念和創業願景，造就了今天的 IKEA 文化。

坎普拉一直很留意社會型態的改變，也知道行動要快，以便充分利用大好時機。從經營小商品郵購起家，到後來改做平整包裝家具，坎普拉很早就認清汽車的發明，對未來生活的重要性；他也發現零售業在都會近郊發展的商機，以及ＤＩＹ風潮的潛力。因此在他剛創業的那幾年，數度調整公司的經營方向。

這種對新構想與新潮流的高敏銳度，正是坎普拉這位精明能幹的生意人，造就 IKEA 這個大集團的主要原因。

IKEA 開創了許多史無前例的新現象，讓顧客自己到倉儲區提取貨物，就是其中之一。

其實，這原本只是個權宜措施：古根斯柯瓦分店開幕後，因為湧進大批人潮，迫使人力不足的 IKEA 想出了這個解決辦法。由此可見，坎普拉總是能隨著時代而變，有時甚至還走在時代之前。

除了「為大家創造更美好生活」的願景，IKEA 也在坎普拉所訂下的九大「誓約」基礎上，建立了自己的特色。這九條誓約分別是：

1. 產品，就是我們的識別。
2. IKEA 精神：腳踏實地、勤奮不懈。
3. 賺錢，為我們帶來更多資源。
4. 用最少的資源，創造最大的結果。
5. 簡單，是一種美德。
6. 勇於嘗試新方法。
7. 專注，是成功的關鍵。
8. 勇於承擔，因為這是一種榮譽。
9. 提醒自己，不進則退。

關於這些想法更完整的版本，可以在〈一位家具商的誓約〉（參閱本書附錄）中看見，其中融合了中國的古老哲學與坎普拉家鄉史馬蘭的老話；有老生常談的道理，也有精明生意人的見解。

「有所賣，有所不賣」的哲學

我自己最偏愛的，是其中第一條——「產品，就是我們的識別」。因為不管是過去或現在，一家零售商把主力放在產品開發，都稱得上是業界創舉。直到今天，從頭到尾開發自家產品的家具零售業者，還是屈指可數，大多數家具業者都仍是向供應商購買現成款式來賣。

在版圖向海外拓展的這些年，這種堅守銷售平價北歐家具的策略，對 IKEA 來說相當重要。雖然，引進德國大型家具或英國家飾品更為容易，但這樣一來就會削弱公司所要建立的品牌形象。然而，一家遠從瑞典史馬蘭來的家具業者，採取這種做法遠征海外市場，當然要冒很大的風險。

據說在一九七〇年代，曾經發生過這麼一件事：當時，坎普拉還未舉家遷往丹麥，擔任 IKEA 總經理的是韓斯．艾克斯（Hans Ax，我是在艾克斯退休後才見到他，當時他雖然退休了，還是給人一種自以為比別人懂得多、讓人感到不舒服的感覺）。

有一天，艾克斯到古根斯柯瓦分店巡視，陪同的是當時擔任分店經理的拉森（後來拉森一路高升，負責瑞典業務，最後負責歐洲區業務）。兩人一路巡視，都沒什麼問題；直到抵達結帳區，艾克斯發現，那裡居然堆滿了一堆不知道打哪來的黑膠唱片，而且還播放著吵雜的舞曲。艾克斯用狐疑的眼神看著拉森。

「這些是我找來的寄賣商品，成本很便宜……」拉森以瑞典南部斯堪納省口音得意地說。

「你是要自己辭職，還是要我開除你？」只見身材矮小、一臉鬍子的艾克斯冷冷地回答。

後來，拉森幸運地保住工作飯碗，但從此以後，IKEA內部的人都很清楚：

1.在IKEA，我們連牛奶都能賣得很好，但我們不會這麼做。

2.只要是跟居家裝潢無關的商品，IKEA都會很小心。

不過，IKEA也賣過幾年電視和烤麵包機，經過幾度嘗試，發現只有家居布料織品賣得好（所以至今仍是IKEA的重要商品之一），其他的成績都不理想。這也證明了，「堅守本業」的重要性。

一九八〇年代，IKEA把所有賣場換上全新面貌，變成容易識別的黃藍相間視覺。這是創舉，在此之前，IKEA所有分店基於不明原因，都採取紅白相間的顏色。從這時期起，IKEA開始以瑞典特質為賣點，後來還賣起瑞典的阿瓜維特酒、薑味比司吉和Kalle's魚子醬。

利用類似的做法，IKEA將坎普拉的經營願景和〈一位家具商的誓約〉，奉為這幾十年來公司營運的準則，落實到公司大小事務上。可想而知的是，越接近權力核心者，就越強烈感受到要嚴守準則。

卡其褲男孩們……

在IKEA，基本上除了賣場人員要穿制服外，公司員工都不必打領帶。在今天，上班不打領帶的公司比比皆是，還有更多企業實施週五便服日，讓大家在週五可以變換心情，穿著輕鬆服裝上班。但在一九八〇年代，那可是業界相當罕見的事。

但即使在IKEA這種追求平等精神、不必打領帶的公司裡，還是有階級派系存在。舉例來說，在IKEA工作的女性員工，把公司的主管暱稱為「卡其褲男孩」，因為這群人老愛穿卡其褲。而且這些主管的穿著都很像——上身會穿甘特（Gant）或布姆蘭（Boomerang）這兩個瑞典品牌的襯衫，腳上穿著擦得光亮的平底鞋或短靴，最重要的是，搭上一件喀什米爾或羔羊套頭毛衣。

卡其褲男孩這種說法，還有一個深層含意：這群人代表的是一種無法突破的無形疆界，他們在界內，其他人（包括女性）則被隔絕在外。長久以來，這個清一色男性的領導班子，盡可能拉遠「女性」與「IKEA 高階職務」之間的距離；事實上，根本沒有女性員工在 IKEA 擔任要職。今天 IKEA 的作風雖然跟過去很不一樣了，但位居要職的那群男性，還是同一類人，他們對女性員工的看法仍然沒有改變。

為了省錢，寧可在機場等好幾個小時……

多年來，IKEA 一直很重視員工的出差問題。所有人出差，都得照規定搭乘經濟艙，而且機票越便宜越好。另外，員工出差如果要過夜，也必須入住公司核可的飯店，房型要依據規定，不可任意升等。

一九八〇年代推動這套做法時，比起同業可是嚴格多了。不過，現在除了長途飛行外，IKEA 員工的出差規定放寬了許多，例如不一定強制搭乘較便宜的火車，也可以選擇費用較高的飛機。整體來說，出差限制比以往要少得多。

在這方面，很少人比坎普拉的大兒子彼德更努力以身作則。公司裡只要有哪個地方出現浪費，都會讓他大發雷霆。為了向員工強調節儉的重要性，彼德努力推廣IKEA的簡樸文化。只是，他的做法有點過頭。舉例來說，他可以為了省一點機票錢，在機場候機好幾個小時，有時甚至會晚好幾個小時或晚一天才抵達目的地。三十年前，這麼做或許能博得認同，但從一九七〇、八〇年代起，人們寧可多爭取一點時間陪伴家人，也不願把時間浪費在機場苦等班機。

珍惜每一個十分鐘

時間，是你最重要的資源。十分鐘，可以讓你做很多事。十分鐘，一旦過去，就是永遠過去了，你無法再把它追回來。

十分鐘，不只是時薪的六分之一，也是你人生的一部分。以十分鐘為一個單位，來區隔你的人生，然後盡可能別把它們浪費在沒有意義的活動上。

～摘自〈一位家具商的誓約〉

一度禁止員工使用手機與筆電

提到筆電和手機，IKEA 一直不知道該怎麼管理才好。這個問題似乎很可笑，但對於一家想要在日常營運中建立企業文化的公司，這個問題當然很重要。然而在這個「人手一機」的時代，IKEA 選擇了一種奇怪的做法：首先，當手機和筆電剛問世時，都雙雙被 IKEA 高層視為雅痞的象徵而全面禁止員工使用。後來公司才發現，其實手機和筆電也是協助公司營運的利器，這才漸漸解除原先的禁令——先是開放讓經理級的員工使用，後來才勉強答應讓所有員工都能使用這兩樣東西。

要了解 IKEA 早期的價值觀，我們或許可以回溯至一九七〇年代初期，IKEA 開始向海外拓展據點的那段時間。這些核心價值是 IKEA 發展初期，公司上下遵守的一套價值觀和標準。例如：我們是來自「瑞典史馬蘭地區的勤儉人士」，而且我們利用「以身作則的力量」來領導大家。

因此，IKEA 其實早在二、三十年前開始，就著手建立企業文化了。從一九八〇年代中期至今，IKEA 所強調的企業文化並沒有太大的改變。受 IKEA 委託撰寫《四海一傢 IKEA》的托克，在書中把坎普拉稱為「提倡者」，這個稱呼再正確不過。這位提倡者會密切觀察公司的動靜，也小心傾聽一再出現的問題；他會在日常工作中透過讚揚或批評特定行為，一點一滴地塑造IKEA文化。

老實說，在寫這本書時，每當我寫到「坎普拉」這名字，都讓我感到不自在。因為在IKEA，大家都不會這樣以姓氏稱呼他，而會直呼他的名字英格瓦，就算他不在場也是如此，或直接以縮寫ＩＫ、「創辦人」來稱呼。無論是坎普拉的親信或一般同事，不論職位高低，都可直呼其名英格瓦；但奇怪的是，除了坎普拉外，其他的瑞典同事之間，彼此還是以姓氏稱呼。

在這裡，員工必須負責讓自己成長

身為IKEA的員工，就要為自己的發展負責。這裡所謂的發展，不是花大錢去學校、研究中心進修，而是在工作職場上的自我訓練。

這意味著，公司期望員工能自行思考：要做好自己份內的工作，還需要什麼援助？最好是員工自己能列出清單，想好自己年度發展的期望，然後跟主管討論。

以我個人經驗來說，這種做法相當有效。因為這會讓員工打從一開始就明白兩件事：第一，你將會明白坎普拉所說的——「勇於承擔是一種榮譽」的道理。大多數人都喜歡被賦予重任，並有權做決定，因此無論是老闆或員工，都能從這種安排中互蒙其利。第二，員工將感受到 IKEA 的確跟其他企業不一樣，IKEA 總是重視員工自己的選擇，要員工為「勇於創新」負責。

就在這種氛圍中，藉由鼓勵全體員工為每一件事找出新的解決方案，IKEA 讓外界覺得他們的員工很獨特。有這麼多獨特的員工，公司當然比同業來得成功。再加上，能擁有自己的穿著風格、態度、做事方式，員工們都會以此為榮。是的，員工們會以身為「IKEA 人」為傲。雖然並非每位員工都這麼想，但是每位員工都會對自己的工作帶有某種程度的責任感，光是這樣就足夠了。當我私下或公出跟外界人士接洽時，IKEA 這種魅力，成了我們一大溝通利器，身為 IKEA 的員工，常讓我因為公司的成功而與有榮焉。

不過我心裡也清楚，一直被人用欣羨的眼光看待，老是相信自己比別人強，也未必是好事。事實上也是如此。從坎普拉開始、到他的三個兒子、達爾維格與其他員工，大家都以為自己比較優秀。我敢這麼說，因為我自己就是這樣。

IKEA 的員工必須擔負更多責任，但薪水卻一直不高。奇怪的是，大多數員工卻接受這種微薄薪資，只因為在 IKEA 工作令人羨慕。儘管 IKEA 高層再三強調，公司是依據同業標準和市場平均薪資來給薪的，但員工幾乎毫無例外，都是因為別家公司提供的薪水更高才離職的。

舉幾個例子來說，我擔任坎普拉和莫伯格的共同助理時，要負責的事項包括：集團的公關與溝通、環保事務、兩位主管的出差事宜，還有擔任各種不同計畫的顧問和專案主持人，同時還要扮演坎普拉和莫伯格的聯絡人。換算成現值來說，當時我的月薪也才三萬五千瑞典克朗（約新台幣十五萬四千元），卻要做這麼多工作。我要養家，還要經常加班；加上當時IKEA因為不注重環保與企業社會責任，正被幾個國家的記者窮追猛打，我不但得全年無休地待命，一有緊急事件發生還得趕緊處理。

那些年，在我們身邊的密探們

多年來，坎普拉一直在IKEA集團裡，安插自己的親信當密探。

一九七〇年代，他為了避稅而離開瑞典，舉家遷往丹麥。從那時起，他在瑞典IKEA安插的親信，就成為他了解祖國和IKEA權力核心的重要聯繫。據我了解，坎普拉在集團裡安插幾十位密探，幫他打聽消息。

坎普拉精心安排的密探網絡，遍布 IKEA 全球各個據點，直接或間接向他通風報信。這個網絡裡不只有密探，其中也有許多人是跟坎普拉長年頻繁接觸的重要人士。據我所知，這些重要人士大都在阿姆胡特總部工作，是公司刻意安排在那裡的儲備人才。

精明的坎普拉安排這種密探網絡的用意再明顯不過：就跟政府要設立情報組織（像瑞典軍情局或美國中央情報局）一樣，都扮演著收集情報的角色。透過運作得當的情報服務，就能及早發現組織內部的問題並趕緊加以處理，不讓事態擴大，甚至避免潛在問題引爆。

二〇〇八年秋天，我自己就感受到這個密探網絡有多麼強大。當時，坎普拉的大兒子彼德，聘請我擔任宜家綠能科技公司執行長，這間公司是 IKEA 的子公司，負責尋找有潛力的環保產品來投資；IKEA 總部的財務長也資助我負責的公司。事情的導火線，是我好幾次從董事長葛倫．林達爾（Göran Lindahl）那裡聽到一些批評，說我底下有些部門管理不當。這批評完全沒根據，我聽了當然很生氣，於是我與那位財務長聯絡，並問他到底是怎麼回事。

其實在 IKEA，主管之間有一項不成文規定，就是：誰惹你，你就該直接去找那個人理論，而不是越級討公道。兩週後，我接到了坎普拉和董事會的嚴重警告。雖然他們措辭委婉，但基本上就是在怪我惹了坎普拉大兒子彼德的密探——也就是 IKEA 財務長安德斯．倫德（Anders Lundh）。我從這次教訓中明白了，坎普拉家族的密探，絕對不要去招惹。

「說到就要做到」的力量

「說到，就要做到！」坎普拉經常這樣訓誡大家。這是IKEA企業文化最重要的精神之一，也是IKEA的成功祕訣。前面說過，IKEA員工不但能夠討論問題並做出決定，也很能落實決定。我跟許多同事能在IKEA發展事業生涯，就是因為主管總是能很快注意到我們的實踐能力，並讓我們全力以赴迎戰更大的挑戰。

在IKEA想升遷，要看你是否具備完成使命的能力。對於外界的人來說，「完成使命的能力」聽起來或許沒什麼，但實際上正好相反。我甚至認為，目前許多企業面臨的困難，就是太多紙上談兵，根本沒有加以落實的能力。

在IKEA，實踐夢想的能力就是一個人能力高低的關鍵。不管是展店、與供應商往來或新產品問世，有能力落實這些計畫的人，就能在IKEA闖出一片天，沒有能力達成工作使命的人只能靠邊站。

要讓同事發揮使命必達的力量，祕訣無他，就是從招募具備這種能力的人才開始。

坎普拉與他所帶領的主管們，總是有辦法吸引積極進取者加入公司。IKEA重視員工完成工作及獨立思考的能力，而且公司裡盛行一股風氣，那就是工作要完成，而且要**準時**完成。公司內部從來沒有複雜的跟催系統，長久以來也沒有使用查核表或手冊，但是公司卻能運作順暢，業績也能逐年成長，就是因為讓員工適才適所，並且賦予員工適當期望。當然，IKEA 有時候也會出現使命未達的狀況，但是講到重要產品或拓展新分店，絕對是要百分之百落實才行。

多虧拉森，賣場上終於有了「捷徑」

除了坎普拉本人，拉森一直是為 IKEA 文化定調、對 IKEA 很重要的一個人；沒有他，IKEA 不可能像今天這樣強大，也不可能成為如此能幹的零售業者，至今沒有人能與拉森匹敵。拉森離開後，IKEA 的賣場概念根本毫無進展。

拉森在 IKEA 工作時，成功的在許多小地方創造奇蹟。

我先前講過，在一九九〇年代中期前，IKEA 的賣場就像羅馬地下墓穴似的，那種毫無方向概念、會讓人幽閉恐懼症發作的設計，一定會讓上門的顧客覺得不舒服。但是，當初 IKEA 堅持把賣場弄成這種幽暗迷宮，就是因為覺得如果顧客沒逛完整個賣場，買的東西就會比較少。其實我必須承認，當初我自己也支持這種說法。

靠自己的力量，拉森改變了 IKEA。他請總公司擅長布置的一位專家，重新設計家具展場和賣場，讓顧客可以自行選擇要走完整個家具展場，或是依照特定標示，從捷徑直接走到想購買商品的展示區。在過去，這樣的構想是絕不可能辦到的。當時 IKEA 的賣場動線規畫，一直是秉持著如何「讓顧客覺得近，實際上卻繞遠路」的概念。照這樣的概念所布置出來的賣場，當然會像迷宮一樣。

拉森對賣場布置的創新設計構想是這樣的：不管顧客此刻人在賣場的哪個角落，都要能看到下一個商品展示區；賣場內也要增加更多捷徑，並明顯標示出來。這麼一來，顧客就可以知道自己所處的位置，也有方向感，甚至可以自己找到捷徑。過去，這些捷徑就算存在，都不會被明顯標示出來，而是巧妙地隱藏在隔間牆這類東西後面。

經過這麼一改，家具展示區和賣場變得更明亮，整個空間通風更良好，也有親切感。新的賣場規畫取名為「歐洲布置」（European layout），並成了往後十年 IKEA 所有分店的標準設計。在明亮又親切的家具賣場中，顧客當然有安全感，也會買更多東西，不像以往那樣在幽暗迷宮裡找東西，既沒方向感又容易有處處碰壁的感覺。

據我所知，IKEA 後來並沒分析新概念的賣場到底讓銷售額增加多少，但我很確定，這麼做至少讓銷售額增加好幾個百分點。

想像一下，要不是拉森有勇氣拆除這種如地下墓穴般的賣場布置，IKEA不可能像今天這樣壯大。當時IKEA在全球各地有二百五十家分店，每年上門的顧客有五億多人。就算外人認為這個新構想沒什麼大不了，但是對IKEA當時的情況來說，要在坎普拉一人獨大的IKEA集團裡，主動提出「分店需要新的布置方式」，需要很大的勇氣及坦誠面對問題的能力；而在IKEA，這種人沒有幾個。

拉森有次到英國里茲分店巡視，早上時間是由我陪同，我們不到一小時就走完。期間拉森一直很冷靜，也出奇地沉默。巡視結束後，他特別指出有三個部門需要改善，百葉窗部門是其中之一。後來，我們從銷售額進行分析，發現拉森的感覺準確無誤，他說要改善的部門，營業額果然比較差。這更進一步地讓我們看見，拉森確實是非常傑出的零售專家。

「歐洲布置」的構想實現後，拉森又針對賣場布置和功能，提出另一項轉型建議。當時，賣場提領區（也就是把物品交給顧客的地方）和自助倉儲區（顧客自行拿取物品）的管理成本開始大幅增加。拉森的構想是，恢復三十年前在古根斯柯瓦分店的做法，也就是讓顧客直接進入提領區。

後來在IKEA新開的分店，區隔提領區與自助區的磚牆不見了，改用移動式的低牆取代。原本由賣場同事為顧客揀選的大多數物品，現在移到自助區由顧客自行揀選，整個工作就交由顧客自行負責，也就是說顧客必須自行揀選 BILLY 書櫃或 PAX 衣櫥的所有零件。

這一來，要買系統廚具的 IKEA 顧客必須自行從數千包的零組件中揀選出正確的型號，然後放進好幾台推車，但是這項改變卻很成功。顧客對這種做法很滿意，IKEA 的成本也隨之降低。

當時為了落實這項做法，拉森先殺雞儆猴，拿那些想法落伍的人開刀。拉森遇到的最大阻力來自公司，有些人擔心，這樣做會引發顧客不滿——顧客可能會拒絕從架上拿下那麼重的物品，或是不願意把那麼多笨重的商品放到推車上；如果體積龐大的零件掉到顧客身上，搞不好還可能受傷；如果顧客拿錯零件，也會引發客訴。還好，坎普拉最後決定支持這項改變，整件事順利推動。我還記得，這是一九九六年在瑞典赫爾辛堡賣場開會決定的。

拉森的強勢作風，後來反而成為他在 IKEA 失寵的原因。掌管 IKEA 歐洲區期間，他藉職務之便，成了瑞典赫爾辛堡當地名人。這其實也不難理解，IKEA 本來就是當地雇用最多員工、規模最大的一家民營企業。重點是，拉森利用這樣的人脈關係經營公司的同時，也經營他自己。

一九九九年的建築業博覽會，拉森主張 IKEA 應扮演主要贊助商的角色。坎普拉起初反對，後來同意了；莫伯格本來也有質疑，但由於拉森相當堅持，最後 IKEA 拿了一大筆錢出來贊助。

沒想到不久後傳出，拉森竟然以賤價取得赫爾辛堡沿海黃金地段的一塊土地。我從拉森的一些親信口中得知此事，他們對拉森的行徑感到失望。推動這場博覽會和土地規畫案的一名社會民主黨市議員，得知此事時也相當震怒。根據這名市議員的說法，拉森本來告訴他，那塊地會用來興建一間旅館，方便 IKEA 各地經理人造訪時入住。

媒體大肆抨擊拉森。據我所知，那是一次讓 IKEA 大受打擊的重大事件。拉森是 IKEA 能力過人的主管，我聽他抱怨過，在 IKEA 根本拿不到什麼好處，公司年年成長，錢都進了坎普拉的口袋。關於這一點，我倒是認同拉森的看法，多年來拉森的精明頭腦為坎普拉賺進好幾十億，但拉森自己卻沒撈到好處——空有大權在握，薪水卻少得可憐。搞不好在他看來，私吞海邊那塊地根本不算什麼，他應該拿到更多才對。無論如何，我還是認為這不能做為他濫用職權謀私利的藉口。

奇怪的是，儘管拉森違反公司規定，坎普拉還是讓他保住工作飯碗。貪污瀆職不是罪大惡極嗎？但坎普拉就是能把整件事壓下來。當時我擔任坎普拉的助理，還曾將有關拉森醜聞的幾份剪報，以及同事與社會大眾寄來的信件，交給坎普拉過目，但他根本不予評論。我猜想，他是想給拉森一次機會，因為他知道拉森對公司而言有多麼重要。或許他認為，以慈悲代替制裁，讓他更能掌控拉森這匹脫韁野馬。

不過，拉森的好日子還是沒過多久。他後來接獲坎普拉的命令，要安插他的小兒子馬第亞斯擔任歐洲某個國家的業務負責人。拉森斷然拒絕，認為馬第亞斯無法勝任，不能單憑他是坎普拉的兒子就隨便安插要職。我在 IKEA 認識並敬重的每一個人，都很清楚這個狀況，也同意拉森的看法，但誰也不敢像拉森這樣坦率直言。幾週後，拉森被迫退休，而且即刻起永遠不得與 IKEA 有任何接觸。不過，海邊那塊地還是他的。

倒是拉森私吞土地一事爆發後，執行長莫伯格決定離職，投靠美國對手 Home Depot。莫伯格擔任 IKEA 執行長長達十二年，在他離職的幾個月後，我碰巧遇到坎普拉，坎普拉告訴我：「莫伯格只愛錢。」我心想，究竟誰比較愛錢？是莫伯格，還是坎普拉？

Part 3　IKEA 的未來

第8章

悄悄地轉變了

一些從不為外人知的內幕

我希望，IKEA日後仍是一家好公司；只不過，這家公司至今既不想讓自己的行動受到檢視，也不想討論那些不為外人所知的問題。

我在一九八八年進入IKEA工作時，員工才三萬人，在瑞典以外的業務相當有限。相較之下，現在IKEA年營業額高達二千五百億瑞典克朗（約新台幣一兆一千億元），員工人數將近十五萬人，營運版圖東至日本東京、西至美國洛杉磯、北至瑞典哈帕蘭達、南到澳洲伯斯，採購網絡更是遍布全球。由於過去二十年的空前成功，讓IKEA一直處於變動頻繁的狀態。

以往，IKEA內部運作根本沒有什麼「工作手冊」和「任務檢核表」這類東西。諸如賣場運作、如何做好採購和產品開發等知識，我都是從現場實作中學來的。口頭傳授——特別是在賣場現場的教導，是 IKEA 這家公司厲害的地方。比起現在，那時各國辦公室和分店的影響力很大；而瑞典總部也一樣大權在握，畢竟產品開發的大權就落在這裡。至於由誰決定產品的採購數量，或由誰負責採購預測，則一直權責不清。沒錯，同仁們在這種情況下的確享有很大的揮灑空間，但所犯的錯誤——例如賣場裡暢銷商品嚴重缺貨，或者是存貨嚴重過剩——卻給公司帶來龐大損失。

今天，IKEA 已經比過去專業太多了，但這一切是付出龐大代價換來的。

每週三的巧克力蛋糕，沒了

二〇〇七年，是我在瑞典 IKEA 產品事業部工作的最後一年，瑞典史馬蘭這個小地方就在那一年發生了幾件不太妙的事。IKEA 藉由成立宜家服務公司（IKEA Services），在總部取得更多控制權；換句話說，非核心事業從那時起改由宜家服務公司掌控，包括通訊設備、出差事宜、資訊科技業務等等。而宜家服務公司負責人——這裡姑隱其名，就叫他湯米吧——原本是產品事業部經理人，對坎普拉相當忠心。

但是，他根本不是 IKEA 經理團隊中最有才能的一位。「只有在 IKEA，像湯米這樣的貨色才可能當上事業部經理。」瑞典 IKEA 一位前任經理這樣說。他的意思並不是說，IKEA 對經理人的資格要求不高，而是說只有在 IKEA，像湯米這種老家在阿姆胡特又是坎普拉愛將的人，即使能力不佳還是可以位居要職，在公司裡飛黃騰達。

湯米抓住這次大好機會，重新整頓 IKEA 的服務業務，他的員工都穿上背後印有「IKEA 服務公司」白色字體的黑夾克；為了提振士氣，他還聘請均衡生活教練。「搞什麼鬼，均衡生活教練？」有個同事納悶著。

當時，沒人能回答那個問題，但是幾週後，由於新聘均衡生活教練和湯米的努力，幾千名員工終於知道答案了：原本公司提供的唯一福利——也就是每週三的巧克力蛋糕——被取消了。平常，我們的員工餐廳裡所提供的，是坎普拉喜歡的原味比司吉，只有在每週三，餐廳會特別提供巧克力蛋糕。這是員工們最期待的一項福利，但是湯米卻把蛋糕換成了味道酸澀的蘋果或西洋梨。後來，他還進行了一大堆愚蠢的改革，這些改革對同事的工作與身心健康都沒有幫助。

均衡生活教練和巧克力蛋糕，其實都是小事，只是這些年 IKEA 所遭遇問題的冰山一角。實際上，真正危及公司前景的有兩大冰山。其中之一，就是過去十五到二十年左右，官僚文化開始蔓延。這段期間，公司出現空前成長，規模更加壯大，業務也更加繁雜，而且繼續以驚人的速度成長。但是，坎普拉年事漸高，只能把時間和精力專注在少數幾個領域，最後造成這些官僚派大權在握。

早在多年前，七十歲的坎普拉，已經無法像五十歲時那樣管理公司。我們都知道，年紀越大，記憶力就越差，在判斷上就更猶豫不決，這是身體的自然老化，誰也沒辦法阻止。顯然，我寫下這段文字時高齡八十三歲的坎普拉，也漸漸出現了這些徵兆，近幾年來都是如此。起初他身邊的人都沒留意到，後來這些徵兆更頻繁地出現，要不注意也難。

買一台電腦，得花兩個月……

還記得二〇〇八年春天，我請同事安娜訂購電腦和一些其他物品。

「打電話給總部的資訊科技支援部門，問問看這些物品有什麼規格條件。」我說。

安娜打了電話。兩個月過去，電腦和所需物品都還沒出現，安娜還在跟資訊技術支援部門「聯繫中」。安娜是教育程度高、能力超強的同事，她比大多數人更積極進取。但是，IKEA的官僚人士可不是這樣。

照理說，我只要到IKEA間接物資暨服務部門（IKEA Indirect Materials & Services）的首頁，

就能解決所有問題。但是我的密碼可以進入集團的其他系統，就是沒辦法進入這個網頁。經過詢問後我才明白，為了訂購金額不到一萬瑞典克朗（約新台幣四萬五千元）的資訊科技設備，我可能要花一整個下午的時間，連上這個部門的入口網站。但是我的行程排得滿滿的，根本無法空出一整個下午。所以，最後我決定不理會規定，乾脆請同事直接向戴爾電腦買還比較快。

就在我收到戴爾公司寄來的電腦時，電話響了，是間接物資暨服務部門高階經理打來的，語氣聽起來很不爽。

「你不可以這麼做！」濃濃的斯堪納省口音生氣地指責我。

我向他解釋，他不是宜家綠能科技的董事，基本上無權下令或規定我該怎麼做。這一講，他更生氣，再次強調我必須遵照總部的指示，不可直接向戴爾電腦購買設備，如果我繼續這麼無禮，他會馬上跟執行長達爾維格呈報此事。

「隨便你。」我說。但讓我訝異的是，不過是幾千瑞典克朗買幾台電腦，為什麼會讓這位老兄發那麼大脾氣？於是我問他，透過總部採購這些物品，到底能替 IKEA 和宜家綠能科技省下多少錢？畢竟，我自己向來也很重視折扣。

沒想到，他的答案讓我無言。「我們沒有拿到任何折扣，這是基於安全考量。」

「什麼？你是說，我們必須透過你們買沒有優惠折扣的東西，只因為你們把我跟 IKEA 的同事當成可能偷公司電腦的小偷？」

「是的。」

要了解 IKEA 管理上的危機，這是個絕佳案例。一大群官僚掌握大權，卻根本沒有替公司創造什麼附加價值。位於赫爾辛堡的這個「間接物資暨服務部門」有五百名員工，勢力擴及全球各分店。當然，他們的確有一些做法還不錯，但是大致說來卻成效不彰。再加上許多不知變通的強硬規定，把公司弄得烏煙瘴氣。

而且，他們還透過網站首頁，興致勃勃地扮演老大的角色，從燈泡到堆高卡車，所有物品都必須向他們訂購。但是，這通常並未能替 IKEA 向供應商拿到比較好的價錢或省下多少錢。我在 IKEA 待了那麼多年，還看過一些同事因為違反規定遭到解雇。

怕犯錯，是企業的天敵

我進入 IKEA 工作時，坎普拉才六十二歲，離法定退休年齡還有幾年，而且當時他的健康狀況也相當好。二十年過去了，他當然老了許多。雖然跟常人相比，他的腦筋還很清楚，影響力也無所不在，不過記憶力與精力是大不如前了。當他慢慢交出掌門人大權之際，公司必將陷入權力真空狀態。

要遞補這位強人所留下的空缺，本來就是一大挑戰。接下來我會告訴大家，坎普拉目前在IKEA還是大權在握，只是他把權力下放給一群企業官僚。有時候，這種發展或許對公司是好的，過去IKEA為了拓展業務，得不斷注入新血，讓構想和觀點推陳出新；現在公司穩定發展，由官僚來管理也未必不好。但是，官僚掌權的壞處是：這種人過於謹慎，不敢負責，總是揣摩上意，最後癱瘓公司運作。就像自然界或個人生活一樣，對組織來說，恐懼同

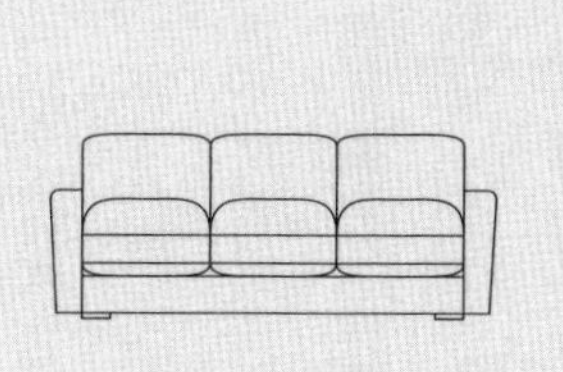

別讓規畫害了你

過度重視規畫，是企業滅亡最常見的原因。

過度強調規畫，局限了行動的自由，反而讓人沒有時間把事情完成；複雜的規畫更會讓組織癱瘓掉，所以我們要以簡單和常識，做為一切規畫的準則。

～摘自〈一位家具商的誓約〉

樣是最具殺傷力的。

「為了達成目標，我們必須不斷練習做決定、承擔責任，必須不斷克服犯錯的恐懼。怕犯錯，就是官僚主義的根源，也是個人和企業追求發展的敵人。沒有任何決定是絕對正確的。」

這是坎普拉在 IKEA 的企業文化聖經〈一位家具商的誓約〉中所寫的一段話。從一九九〇年代中期起，IKEA 盛行的一項用人政策，就可說明公司內部這種害怕犯錯的情況。從那段時間起，在公司內部獲得要職者，大都是名不見經傳、能力也未受檢驗的人，只不過這些人很懂得避免衝突和規避問題，也就是說他們很聰明地不會跟人起衝突。在這種情況下，企業或許能保持現狀，卻無法有所發展。因為這類官僚欠缺策略思考，也沒有認清全局及了解因果關係的能力。

靠家族關係獲得要職的 IKEA 經理人也一樣。他們無法從細節中察覺問題，這正是 IKEA 目前面臨的重大困境。現在的 IKEA 各國分公司負責人，不是從各國分店經理中挑選出來的菁英，反而是靠其他關係取得職務，其中能成功勝任職務者寥寥無幾。相反的，許多有能力又努力的員工，卻沒有在公司裡獲得應有的重視。

從「我們努力試試」，慢慢變成「再研究看看」

當一家公司變得很官僚，就很難有什麼讓人眼睛一亮的事情發生。這時，競爭對手很快就會發現 IKEA 原地踏步，企業內的語言也會跟著改變——原本大家常講的「我們努力試試看」和「不入虎穴、焉得虎子」這種話，就被「再研究看看」或「萬一行不通，就會損失慘重」這種心態取代。

害怕犯錯，無論是對人或對企業，都深具殺傷力。很多官僚往往沒有能力認清及了解企業整體狀況，但又喜歡安逸的生活，也希望保有自己的位子；對於走出舒適圈他們難以想像，因為在他們的世界觀裡，每個人只要顧好自己份內的事情，不必在意別人。

這種像公務員一樣的通病，會感染到那些積極進取的同事。我認識公司裡有些才能出眾的同事，過去總是勇於創新，不願照章行事，卻在短短幾年內就變成死氣沉沉的官僚。

我必須說，早在執行長達爾維格領導期間，這種官僚主義就已經萌芽了。要我這麼講實在很為難，因為我很尊敬達爾維格，也很欣賞他對零售業的淵博知識。公司會邁入官僚時代，不是達爾維格的點子，也不是他的錯，但他卻沒有採取行動來遏止官僚主義惡化。

達爾維格絕對是我遇過最優秀的經理人，我很榮幸能當他的部屬。他這個人很特別，能考量全局，既有勇氣又有膽識。我擔任英國里茲分店經理時，他是英國IKEA負責人，據我所知，當時英國IKEA所有經理人都對他敬佩不已。我到倫敦辦公室工作的第一天，達爾維格就拿一張A4紙給我，上面是他為籌畫四年的新堡分店親筆寫的專案企畫。後來，他明確地告訴我，這家分店應該在十一個月後開幕（速度之快簡直創下紀錄），但是預算很緊，而且他想讓這家分店成為各分店的榜樣。之後，這件事就交由我跟同事波希·阿爾森（Bosse Ahlsén）負責。

達爾維格為我們指出了一個新方向，讓我們信心十足，最後我們順利完成目標，他也讓我們成為眾所矚目的焦點。我的同事大衛·胡德（David Hood，現為澳洲IKEA負責人）接獲達爾維格的命令，在倫敦興建占地面積廣大的瑟洛克（Thurrock）分店，當時就曾以特有的蘇格蘭腔懷疑的問我：「達爾維格是怎麼了？為什麼他對瑟洛克分店會提出這種要求？你覺得他是不是故意刁難我？」

對胡德這位蘇格蘭人來說，達爾維格十足自信的程度簡直不可思議。對於從來沒有在零售業這種變動環境下工作的人來說，當然很難理解這樣做其實需要相當優異的領導才能。簡單講，在大型零售組織中，隨時都有幾百萬件大小事情可能出錯，在這種情況下，領導人只好把注意力放在最重要的一、兩件事情上。

很多領導人不是忽視問題，就是不信任同事，直接指揮管理。但達爾維格卻採取截然不同的做法——他對我們有信心，也讓我們信心十足。他總能掌握事實，以開放的態度針對人事物進行討論，也支持我們主動提議。

但是現在，達爾維格卻像變個人似的，這一點是可以理解的，畢竟要帶領 IKEA 這個大集團，需要不同的領導方式。達爾維格當然試過改變，重新整頓公司的用人政策。二〇〇〇年初達爾維格剛接任執行長那段時間，我們就感受到一股新氣息。

然而，老闆坎普拉跟他三個兒子，當時卻對達爾維格的做法不以為然。在坎普拉家族的要求下，達爾維格只好乖乖屈服。畢竟，坎普拉握有最後決定權，而且要是達爾維格老是抗命，很快就會工作不保。也因此，達爾維格原本推行的多元文化宣告夭折，先前推行的電子商務也遭到擱置。這一來，公司自然很快就失去了勇於創新、積極進取的精神。

坎普拉總是認為，「沒有人敢跟主流意識唱反調的組織，注定會失敗。」可是，我再也想不出在 IKEA 內，現在有誰敢跟主流意識唱反調。以前膽敢這樣做的人，不是早就離職，就是認清時勢而變成了乖乖牌。

出了錯，到底該誰負責？

在〈一位家具商的誓約〉中，坎普拉明明白白地寫到：「犯錯，是必須被允許的。」然而，現在這家公司卻往相反的方向奔去。

今天，同事們要是犯了嚴重錯誤，就等著被開除，這是千真萬確的事。但是想想以前，我們看到坎普拉、達爾維格、洛夫和其他人，如何勇敢地嘗試錯誤，如何在BESTÅ產品上造成IKEA有史以來最大規模的產品缺貨，讓公司因此損失慘重。

這個錯誤讓IKEA的營收損失高達數十億，也讓分店同事焦頭爛額，得努力跟顧客解釋型錄上的商品為什麼缺貨。IKEA的消費者通常會認為，在維持低價策略的情況下，沒辦法有太多庫存是很正常的。其實每次產品缺貨時，坎普拉就用這種藉口來合理化，所以產品缺貨這種事始終存在。

IKEA在幾年前投資布料織品這件事，或許最能闡述恐懼的力量。當時，一名相當能幹的女性店經理（這裡姑隱其名）在產假過後，回到公司接管布料織品事業部。她曾在臥房事業部表現傑出，推出的PAX系列衣櫃，每年營業額高達數十億，因此公司對她接手布料織品事業部賦予高度期望。

這位經理是行動力十足的職業婦女，她很快就設計出新的布料織品產品線，也跟製造商下訂單進行生產，跟配銷商簽妥合約並通知分店有新商品問世。從坎普拉到達爾維格，連瑞典IKEA負責人雷德柏杜蒙特跟史滕納特，都相信這些新商品會大賣。史滕納特不但是坎普拉的小舅子，也是INGKA控股公司的董事長，並且在IKEA產品線和採購問題占有舉足輕重的地位。

因此，雖然為了銷售這些新商品，IKEA各國分公司必須壓下數量龐大的現有布料織品，但大家都一片叫好。沒想到，後來事情急轉直下。

即便已事過境遷這麼久，但大家似乎還是不理解當初究竟出了什麼事。據我的了解，事情大概是這樣的：問題出在當時「大家」都相信這些新商品會大賣，因此過度樂觀下單生產，沒有考慮到高達十萬個歐規棧板的商品，需要多少空間存放。再加上，由於八月份商品型錄出刊後，分店就要做好進貨準備，於是分店全以高價下單採購這些新商品，數量多到超乎想像的商品就這樣由陸海空運送至全球各分店。

情況就跟先前發生過的滯銷棕色燈芯絨沙發一樣，IKEA再次大受打擊。問題在於，當大家遞出布料織品訂單時，布料織品事業部對於爆量可能會帶來的問題根本視而不見；每個人都以為，這些新推出的布料、靠枕和窗簾，至少會比原有的暢銷商品多賣一、兩倍。這種誇大的預測，不僅通過了採購與配銷部門的標準控制程序，當然也經過坎普拉、史滕納特和雷德柏杜蒙特的批准。

犯下這麼大的過錯，當然要付出可觀的代價。堆滿布料織品的數十萬個棧板，送往IKEA在全球各地的分店，因為定價高得離譜，加上多數顧客根本不喜歡這種設計，所以只有極少部分的商品能以正常售價賣出。

接著，奇怪的事情發生了。各層級的經理人紛紛跟這次挫敗撇清關係，包括坎普拉都置身事外。坎普拉率先要求這位經理辭職以示負責，在INGKA控股公司的會議裡，坎普拉花許多時間批評她，用粗魯的言語毀謗她，最後竟然罵到讓雷德柏杜蒙特看不下去，開始為她辯解。不久後，這位經理被開除，那是我在IKEA工作二十年看過最拙劣的開除方式。

她在毫無預警的情況下，被叫到布拉希潘旁邊的活動會館，跟人事經理開會。「妳被開除了。」一句話就讓她在IKEA二十年的工作生涯畫下句點。

她究竟做錯什麼？當然，她太魯莽了，一開始沒能跟各分店協調好；另一方面，她新開發的系列與高層掛鉤太深，而此任務徹底失敗了；還有，就是當初大家對她的期望太高。至於若要問我的意見，我覺得原因有二。第一，坎普拉本來就討厭女性員工，雖然IKEA也有其他女性經理人，但是她們不像她這麼強勢又有膽識，這樣的才幹惹惱了坎普拉。第二，她的提案最後失敗了。以目前的 IKEA 來說，出錯是相當不受歡迎的事。

倒是史滕納特這個人，秉持誠信，公開表示他也該為此事負責。因為當初他參與布料織品事業部的投資決策，也是 INGKA 控股公司的董事長，投資案失敗，他也脫不了關係。後續我們會對史滕納特這號人物做更深入介紹。總之，整個管理階層當時展現出的怯懦，就是今日 IKEA 的徵兆——從許多方面來看，坎普拉現在比十年前更加痛恨風險；而管理階層的卑鄙與怯懦，也開始蔓延感染到其他同事。

來，拍照時讓女生站前面！

一九九〇年代末，坎普拉和莫伯格召集了 IKEA 最傑出的經理，包括分店經理、事業部經理、財務經理和集團主要幹部，大家一起出差巡視分店並參觀波蘭工廠。

某日下午，我們搭乘巴士前往華沙在蘇聯時期興建的文化科學宮，這棟龐然大物在高度較低的塔樓中傲然聳立，是華沙當地最高的地標。這些建築物是蘇聯獨裁者史達林在戰後送給波蘭人民的禮物。但老實說，這些塔樓當初都是波蘭人自己出錢出力興建的，史達林卻大言不慚地說，那是自己送給波蘭的贈禮。

為了聽莫伯格用瑞典語發表的冗長演說，三百名IKEA同事搭乘電梯，進入通風不良的小禮堂。忍受幾個小時的沉悶後，大家再搭乘電梯下樓，在文化科學宮入口階梯處拍團體照留念。

「讓女性經理人站在第一排！這樣看起來，才會覺得IKEA有很多女性經理人。」莫伯格半開玩笑地指示大家。

時至今日，IKEA的兩性平等工作權情況就是這麼糟，只有達爾維格剛接任執行長那兩三年內例外。當時他設法打破原本清一色男性經理人的趨勢，但是他一人難以力挽狂瀾，最後還是恢復過去由男性主導的態勢。

記憶力好的人也許會說，不是經常看到有關IKEA女性經理人的報導嗎？沒錯，同前所述，IKEA在德國、瑞典和加拿大等地的分公司，都有女性負責人；事業部經理人中也有幾位是女性，但是整體來說就只有這樣了。以莫伯格的玩笑話來說就是——德國由佩特拉．海瑟（Petra Hesser）、瑞典由珍妮特．索德柏（Jeanette Söderberg）、加拿大由克莉．蒙利納諾（Kerry Molinaro）站到最前面。

這三位女性經理人的重要性不容忽視，但是整體來說，她們對IKEA這家企業卻沒有實質影響力。因為她們只能決定分店營運的運作，無法針對整體的商業模式、採購或產品線有任何決定權。

在我寫下這段文字時，放眼 IKEA 領導團隊，女性成員只有佩尼萊・羅培茲（Pernille Lopez），她目前是 IKEA 人力資源最高主管，先前則是 IKEA 北美地區負責人。如果連 IKEA 各國分公司負責人都對總公司沒有什麼影響力，那麼只負責特定行政領域的人力資源最高主管，對總公司的影響力當然相當有限。

近幾年，IKEA 領導團隊出現兩名較有影響力的女性經理人，一位是羅培茲，一位則是前面提到的雷德柏杜蒙特。但是在坎普拉身邊，越強勢也越有影響力的女性，就會遭到他更頑強的抵抗。讓人好奇的是，為什麼海瑟、索德柏和蒙利納諾這三位女性經理人，沒有被拔擢加入集團領導團隊？海瑟和索德柏位居各種要職多年，當然比目前領導團隊中大多數男性同事更有資格加入領導團隊。

外人看來，IKEA 好像是一個兩性工作相當平等的優良企業，但是你不能單憑媒體報導來判斷企業內部狀況，IKEA 只是懂得拿女性經理人做好門面，內部運作完全不是那麼一回事。

創造一個可預期的未來

對於坐在辦公桌後掌控世界的行政人員來說，消除恐懼的最佳做法就是，創造一個完全可以預期的未來。

一九七五年到一九八五年這段開拓期，IKEA在德國、法國、荷蘭和比利時迅速擴展分店，這時公司當然需要不同的領導方式。這種業務拓展期需要能獨立運作、有勇氣解決大小問題的領導人，IKEA在那段期間並沒有什麼不能打破的規章，其他指導工具也少之又少，只有一些簡單的行動參考準則，分店經理或各國分公司負責人必須仰仗的只有常識。瑞典家具Hemtex公司現任總經理亞得史川德、IKEA餐廳現任經理凱曼（Janne Kjellman），以及IKEA前任執行長、現任瑞典百貨業者Clas Ohlson董事長暨大股東莫伯格，這些人都是IKEA業務拓展世代經理人的典範人物。

現在，IKEA的領導團隊是依據不同用人標準升遷上來的，許多人會說，這些領導人有很好的價值觀，也是優秀的領導人，所以才位居要職。這樣講當然沒錯，但問題是，讓行銷經理或人力資源經理高升為各國分公司負責人，讓這些對零售事業毫無頭緒的經理人，管理分店幾千名零售專家，簡直本末倒置。而且，這些人並沒有在賣場工作過數千個小時，未必了解零售賣場實際運作。畢竟，要了解顧客行為及需求，了解商品與價格及賣場內部運作，只能從日常實務中學習，否則管理者只是了解工作的皮毛，無法深入掌握工作的核心。

在此同時，IKEA集團子公司的負責人，大都是缺乏核心活動經驗的行政人員，高階經理人也透過同樣用人標準升遷上來。執行長達爾維格原本擔任財務主管，一遇到不確定狀況時，就會立即仰賴他本身原有的財務技能。從許多方面來說，達爾維格當然是出色的領導人，但是他只在自己專精的領域才表現優異。同前所述，產品開發和採購活動是IKEA創造競爭優勢的領域，可惜這些領域剛好是達爾維格的弱項，這部分他自己少涉入，也欠缺深入的了解。

在集團領導人部分，只有執行長歐森有零售賣場經驗，瑞典IKEA負責人洛夫原本是營建商，後來在義大利擔任採購經理，接著出任事業部經理，但表現令人質疑。瑞典IKEA前任負責人雷德柏杜蒙特，對IKEA最重要核心活動的實務經驗更是相當有限，因為她原本負責的是溝通和公關業務。

另一個用人不當的例子，就是由法律教授葛蘭．葛洛斯科普夫（Göran Grosskopf）接任INGKA控股公司董事長。前任董事長史滕納特是坎普拉的小舅子，也是廣受好評的產品開發人員和事業部經理，同時還是臥房產品線PERISKOP系列商品的提案人。但是，他卸任後，竟然由葛洛斯科普夫這種完全不了解零售業的人接任。

當董事長、集團管理階層及分公司經理人，都由這樣的人接任，IKEA當然跟以往截然不同，集團內部充滿對未知的不確定感與恐懼。公司漸漸變得講究形式，大小制度越來越多，凡事都要加以掌控，每個問題都必須以特定做法解決。這種標準化作業，很快就取代了創意思考。

在IKEA內部，當然沒有把這種做法稱為標準化，而是以「最佳實務」、「量化」、「可預測性」、「目標管理」或「標竿評量」稱之，但不管用什麼術語，結果都是一樣，只是要大家停止思考、停止創意、聽命行事就好。

其中最引人注目的是，過去這幾年公司完全沒有較大的突破。以往，坎普拉會對同事施壓，敦促大家要讓公司不斷進步，例如將採購團隊大舉東遷、設立IKEA工業事業部史威武公司等等。坎普拉當時排除萬難，不管周遭顧問的反對，決定大規模投資整合非核心能力的生產運作，實在是既有膽識又影響深遠的決定。另外，將生產作業和零售賣場拓展到俄羅斯，也是深謀遠慮之舉。總之，IKEA過去的豐功偉業多到不勝枚舉。

但是，最近這七、八年來，公司卻沒有重大的策略性進展。就拿決定在東京開一家分店、而不在中國開三十家分店這件事來說，這項決定根本不可思議。別忘了，IKEA最重要的採購地點是中國！IKEA 老早就失去率先進入市場的先機，被幾位對手搶先一步進入中國市場。如果能在中國設立許多分店，IKEA 就能在當地具備大量採購的優勢，才能及早把劣勢扳回來；況且，這項優勢還能讓 IKEA 其他分店同蒙其惠，向中國供應商取得物美價廉的商品。

但結果卻不是這樣，IKEA 錯失良機，太晚決定進入中國市場，採取過度防守的策略，反而讓對手搶得先機。

這就是為什麼 IKEA 的成本持續上漲，又沒能好好規畫如何降低成本，一旦成本持續上漲到無法負荷，業績就會開始受挫。倘若連坎普拉都想不出解決方案，其他人更是束手無策。

IKEA 會變成這樣，當然是坎普拉自己一手造成的，要不是他的首肯，上述狀況根本不可能發生。少有人像坎普拉這樣觀察敏銳，清楚自己跟周遭的狀況。幾年前的某天早上，我跟坎普拉在總部一樓喝咖啡，我跟他提起公司越來越官僚這個問題，他的反應是一語不發，也不予置評，還巧妙地轉移話題。

IKEA 內部官僚作風蔓延，最可能的解釋就是：這樣一來，坎普拉才能更容易管理公司，也更能預期公司內部的一舉一動。但諷刺的是，他向來堅稱官僚主義是他不共戴天的仇人。換句話說，為了讓年紀越來越大的創辦人坎普拉更好控管，公司必須改變原先積極發展的策略，甚至陷入發展停滯的狀況。

或許我們可以理解坎普拉的處境，但有兩件事卻令人感到憂心。首先，IKEA 目前發展步調放慢，不久後就會讓更積極進取的競爭對手有機可乘，IKEA 有今日這般規模，是靠一九八〇到九〇年代全速發展得來的，雖然現在 IKEA 每年仍然新開了不少家分店，但是這些只是企業基本運作，只能算是營運活動，稱不上是發展，即使稱為發展，也不是能創造競爭優勢的發展。

其次，IKEA 這樣營運下去，最後注定會因為被動無能而走上失敗一途。一旦坎普拉卸下領導職務，就會由他的兒子和幾位也年事漸高的當權者接棒。但是這群人當中沒有人有能力或有經驗，或能洞悉問題所在，讓 IKEA 得以擺脫尾大不掉、因循苟且的毛病，讓創造力得以再現。

IKEA 當權派可能這樣反駁：儘管官僚人士得勢，儘管坎普拉年事已高，但是新世代經理人目前把公司帶領得很好。這樣說也沒錯，但我的觀點是：今天為集團創造龐大獲利的整個根基，都是在二、三十年前奠定的，一家企業的機制與文化若無法持續發展，就不可能穩坐成功寶座太久。

多元文化之路……

就算在亞洲，亞洲人也只能擔任 IKEA 的基層主管，為什麼？

這種現象用三個字就能解答，那就是：不信任。從坎普拉創辦 IKEA 以來，這三個字就一直與公司如影隨形。對坎普拉來說，能相信的，只有出身自家鄉史馬蘭一帶的人。

這樣講一點也不誇張，坎普拉雇用的第一位經理，就是阿姆胡特郊外狄胡特（Dihult）的佃農之子，只因為那位佃農之子很會打手球，就雇用了。坎普拉雇用的第二位經理人也跟他的某些親信一樣，來自斯堪納省。

在我看來，坎普拉的世界觀是：有血親關係的人才能相信，再來是只有瑞典人值得信任，尤其是史馬蘭、阿姆胡特及內地的瑞典人。對他來說，世上沒有能幹又可靠的女性，只能仰仗男人，這是我在 IKEA 工作二十年所見所聞的感想。

我不當坎普拉助理、準備升遷到其他職位時，首度有女性人選應徵我的遺缺，但最後還是被坎普拉拒絕。根據坎普拉親信暨高層人士透露，原因是「坎普拉絕不可能接受女性助理」。集團重要職務的派任也一樣，不管人選是誰提議的，坎普拉都握有最後決定權，可以決定由誰擔任要職。

不久前，他的助理再度換人，一位相當能幹的同事被視為最可能的繼任人選，他是亞裔瑞典人。以同年齡層的經歷和能力來說，整個集團內沒有人比他更優秀的了。但是，因為是亞裔人士，所以他的名字很快被排除在名單之外，坎普拉自己會提出更好的人選，只不過這個人選的資格、經驗和能力，都比不上原先那位亞裔同事。我當然不能百分百確定那位亞裔同事敗北的原因，但我可以確定的是：最後出任坎普拉助理的，一定跟我一樣都是金髮碧眼、身材高大的瑞典新教徒，而且是異性戀者。因為坎普拉向來找的就是這種人。

在此，我想點出一件事：如果IKEA的官僚文化繼續得勢，那麼達爾維格將是IKEA第一位、也是最後一位追求多元化的執行長。在坎普拉同意下，達爾維格拔擢雷德柏杜蒙特擔任瑞典IKEA負責人，成為集團繼執行長之後的第二把交椅。另外，達爾維格也讓羅培茲這位女性經理人負責北美地區，因此他在執行長任內就拔擢了兩位女性加入集團管理團隊。雷德柏杜蒙特是個活力十足的強勢女性，是讓布拉希潘、採購部門和配銷部門擺脫偏見的重要推手。

達爾維格也讓IKEA的重要幹部接受多元化訓練，由以色列裔美籍同事沙莉·布洛迪（Sari Brody）負責訓練，布洛迪是這方面學有所成的專家，獨具個人魅力，深受大家愛戴。在達爾維格擔任執行長初期，IKEA不再以性別、種族、膚色、宗教或性別取向阻礙個人升遷，而是把多元文化當成資產。在考慮主管團隊人選時，是以多元性為先決條件，而不是一貫的配額分配做法。

但是不久後，這種相當受歡迎的發展就停頓了下來，坎普拉要達爾維格針對多元化寫份正式的方針報告呈給董事會，並要求達爾維格措辭時要小心謹慎。我不知道坎普拉對這個問題究竟採取何種立場，但是據我推測，坎普拉對未知事物的不信任，讓他根本不支持達爾維格的多元文化政策。

而且我很清楚，坎普拉的兒子約納斯和彼德怎樣看待多元文化。「我甚至不介意雇用黑人。」彼德曾用揶揄的語氣說道。後來他有好幾次都用這種措辭，有時是開玩笑，有時則一本正經，我自己至少在三次場合就聽到他這樣說過。彼德後來還語出驚人地說：「等我們擺脫掉達爾維格，到時候就會把這些垃圾掃地出門。」

我們現在講的彼德，他可是坎普拉的大兒子，會繼坎普拉之後接管IKEA——他是IKEA的皇太子，也是集團日後的實際經營者。彼德說話時，弟弟約納斯有點遲疑地在旁陪笑；有趣的是，約納斯的老婆就是伊朗人。其實，在IKEA有成千上萬名員工，跟這對兄弟不同種族、不同膚色、不同宗教或性別取向。令人納悶的是，日後坎普拉把大權交給兒子時，這些員工在IKEA該如何自處。

我在出任宜家綠能科技執行長前，想找個副執行長。這事必須經過專案小組討論，然後取得董事會的同意。當時我主張雇用女性，因為這個行業大都由男性主導，我認為長久下來多元化會是公司的一項資產。我認為這位女性人選必須熟悉商務，至少具備工科背景，但是當我在會議室裡說明這項人選的必備條件時，話都還沒講完就被打斷，還遭到所有與會人士的抨擊，其中反對最力的，就是坎普拉的大兒子彼德，還有後來出任宜家綠能科技董事長的林達爾（嚴格來說，這並不是董事會議，而林達爾也不是董事長，因為當時這家公司根本還沒成立）。

後來我獨排眾議，還是雇用了一位女性副執行長，而且她的表現讓大家都很滿意。

我們還可以從 IKEA 最近管理職務的人事任命，看出這個集團的改變風潮。IKEA 前任採購經理庫多夫，是瑞典斯堪納省人，其繼任者是史塔克。庫多夫擔任採購經理期間，傑出表現有目共睹，先前他擔任荷蘭 IKEA 負責人，後來由坎普拉和莫伯格親自指定他接下採購經理這個重要職務。庫多夫是工程師出身，為了做好採購職務，先花六個月時間認真學習，巡視各個採購辦公室，從基層開始了解自己在這個新領域的職責。由於他的觀察敏銳，加上迅速建立部屬對他的忠誠，很快就有了令人刮目相看的成績。

相反的，他的繼任者史塔克不但才幹不如他，也沒有什麼學術背景。我的重點不是說史塔克表現不力，他在物流方面也推動了一些重要方案，用來增加分店重要商品的供給。但問題是，史塔克在採購上的表現平平。他擔任採購經理期間，IKEA的進貨成本價持續攀升，這些年來他也沒有擬定任何一項跟採購有關的重要決策，公司的採購網絡還是沒能深入中國內地。至於在俄羅斯進行商品生產及出口這事，儘管砸下了數十億，情況還是不明朗。這種種情況，都導致了進貨成本價格持續上漲，讓IKEA蒙受損失，讓競爭對手搶得先機。

我認為，用人不當是史塔克犯下的最嚴重錯誤。供應鏈是他的職責所在，但是這方面的重要職務都將女性排除在外。供應鏈的主管團隊清一色是男性，而且他們大都來自瑞典阿姆胡特那個小地方，其中有三位還是同學，據我所知，他們根本沒學過採購與物流。

就算檢視IKEA的更高層級，情況也一樣。在雷德柏杜蒙特擔任瑞典IKEA負責人期間，IKEA的管理團隊更具包容性且多元，不再囿限於人種、性別、宗教等小框框中，因此更能依據各種不同的生活經驗與觀點做出決定，比方說會考量到IKEA顧客有八成是女性這一點。在雷德柏杜蒙特這位女經理人的帶領下，團隊中至少有半數是女性。

在雷德柏杜蒙特時期，英語是瑞典IKEA內部的共通語言，等洛夫接任後，就換成了史馬蘭省的方言。洛夫的老家在阿姆胡特，他的英語程度普通，只會講一點帶著瑞典腔的英語。在他的帶領下，主管團隊只剩下一名女性（她的老家也在阿姆胡特），團隊裡的其他人只有一位成員不是瑞典人。後來，洛夫乾脆設立特殊策略小組，那名非瑞典人不在其中，這一來大家更名正言順地不用講英語，用史馬蘭省方言就能順暢溝通了。

這個特殊策略小組的成員全都來自史馬蘭省，而這一小群人必須解決的，卻是跟全球採購、物流和產品線有關的重大問題，比方說產品線的規模、哪些產品該納入產品線、進貨成本及各地賣場的均一售價等。換句話說，IKEA的獲利就由這個小組定奪，而IKEA全球超過五十萬名的員工與供應商，他們的生計全要仰賴這個小組的能力。

多點包容性，聽聽來自不同國家、不同背景的同事的聲音，至少在決策流程上不會流於偏頗。相反的，如果小組成員的想法都差不多，想要改善決策品質就更加困難了。不少比IKEA規模更大的企業，就是因為妄自尊大及搞小圈圈，無法擴大決策面向，老是在原地踏步而導致挫敗連連。

恐懼的力量

IKEA在多元化這類基本問題上，不但沒有進步，反而倒退嚕。這件事只有一種解釋，那就是：坎普拉根本不想多元化。

二〇〇〇年時，達爾維格說動坎普拉，讓雷德柏杜蒙特出任瑞典 IKEA 負責人，原因或許是達爾維格剛接任執行長，坎普拉不想潑他冷水。等達爾維格開始檢視並討論公司的許多根本問題後，坎普拉終於受不了而出面制止。

接下來，坎普拉眼看時間一天天流逝，自己年紀越來越大，既擔心自己不久人世，也擔心一手創建的 IKEA 未來命運難卜。於是，他讓兒子開始做好接班準備，但是坎普拉的這種恐懼心理，卻在過去幾年內讓 IKEA 故步自封，無法勇往直前、放眼未來。恐懼讓坎普拉死守原有的供給市場，不敢接觸新市場；恐懼讓他提拔死忠的員工，拒絕延聘外界優秀人才；恐懼讓他不努力開發新產品，反而讓老早就停產的產品重新回鍋生產。

這種情形早在坎普拉辭去執行長職務，就已出現。一九八六年，莫伯格奉命接替坎普拉出任執行長時，他才三十五歲，坎普拉做出這個令人側目的決定，讓許多 IKEA 的老臣覺得頗不是滋味。莫伯格的老家在阿姆胡特，這一點符合坎普拉的用人標準，而且他在擔任法國 IKEA 負責人時的表現也確實相當出色。達爾維格在一九九九年接下執行長職務時，比較沒有爭議，因為當時達爾維格已經四十幾歲，在英國 IKEA 的表現也有目共睹，況且他當過坎普拉的助理，坎普拉會採納他的建言。

但客觀來說，更合理的選擇應是由當時的瑞典 IKEA 負責人歐森出任執行長。歐森本來就有零售業的經驗，他比達爾維格更了解零售、採購、物流和產品線，達爾維格在IKEA的管理職務，主要是當過幾年的財務主管。儘管歐森的經歷和背景更勝一籌，卻因為個人因素而落敗。原因在於他凡事都有自己的看法，也不吝於跟別人討論，必要時也會言語機鋒地捍衛自己的看法。二〇〇九年九月一日，歐森終於如願接下執行長職務，唯一的解釋就是，他在過去十年內懂得好好反省，也學會揣摩上意。問題是，像歐森這樣為人正直又有才幹的人，要怎樣自我克制，才能不管情況多麼離譜，都甘於聽命行事地幫坎普拉家族跑腿。

再回過頭來談談瑞典IKEA負責人。照理說，當雷德柏杜蒙特離職時，應該由戴絲洛希爾斯接任，當時雷德柏杜蒙特的建議人選也是她。戴絲洛希爾斯曾為IKEA開發出臥房系列暢銷商品，這些商品不但設計新穎又實用，重要的是售價低廉。戴絲洛希爾斯的各項外在條件，都符合擔任瑞典IKEA負責人的標準：能幹、資歷夠、領導力強、受同事敬重、具備產品線開發的豐富知識與獨到直覺，人又相當聰慧精明。但是，坎普拉沒有用她，反而讓表現沒那麼好的洛夫接掌瑞典IKEA。

第9章

我不是富豪！我不是富豪！

精心設計的坎普拉帝國

一九八〇年代——也就是雅痞風盛行那段期間，里菲特．賽伊德（Reefat el Sayed）這個引人注目的名字突然冒出，成為瑞典產業界的大紅人。跟其他經理人相比，賽伊德的確很特別。一來，他從事的行業很特殊——經營生產盤尼西林的原料，二來，他是埃及人。他在業界的重要性迅速提升，甚至承蒙業界領袖吉倫海默（P. G. Gyllen-hammar）召見。不過，事情很快就急轉直下。

賽伊德確實是一位相當能幹的生意人，但是他犯了一個錯誤：他說謊，謊報自己有博士學位。賽伊德此舉當然惹惱吉倫海默和當時瑞典數一數二的商界人物索倫．紀爾（Sören Gyll），最後由法院判刑入獄，從當紅人物，瞬間變成為人所不恥的階下囚。

我在烏普沙拉大學念書時，教授們經常提起賽伊德這個案例，認為賽伊德因為說謊而落得悲慘下場。現在回想此事，我卻覺得賽伊德受到的制裁太重了點。他確實是說謊，但是講到誠實和道德，有誰敢說其他瑞典企業領袖就是道德典範的化身？運氣不好的賽伊德，或許只是因為當初承審的瑞典法官太講究道德或心生妒忌，認為賽伊德是不值得信任的埃及人。不管怎樣，賽伊德的例子告訴我們，誠信有多麼重要。

在這方面，坎普拉又如何呢？為什麼他再三堅稱，自己不是全球富豪？

築起一道道高牆，不受外界干擾

「全是謊話，都不是真的，IKEA 長久以來都由 INGKA 基金會所有，我跟我的家人根本沒拿到半毛錢。」坎普拉曾經跟瑞典《工業日報》（*Dagens Industri*）這樣說。我記得，坎普拉再三向 IKEA 十五萬名員工、全球各地供應商，以及瑞典等地數以億計的社會大眾，做出同樣的聲明。

坎普拉跟私人律師史卡林，設計出「公司與基金會」這種相當錯綜複雜的交織網絡，為坎普拉打造個人勢力範圍，其中包括 IKEA 集團（由全球各地分店、倉庫、採購和瑞典 IKEA 組成）、IKEA 品牌所有人英特宜家公司（Inter-IKEA）。其用意有二，一是對公司和資金流動有更好的掌控；二是在坎普拉過世後，家族接班人能好好掌控坎普拉的遺產。

但最重要的是：避免公司受到外力掌控。這種複雜結構，讓坎普拉帝國自成一個格局，坎普拉也能掌控及規範公司各派系間的權力平衡，不會讓哪個派系權力過度擴張。

換句話說，在坎普拉身後該由哪位兒子繼續家業，由誰領導坎普拉建立的這個企業帝國，這些事都不會受到外界干擾。這樣的複雜結構為坎普拉築起一道道高牆，讓他可以完全掌控資金流動，也讓他可以名正言順地在全球各國進行避稅，只要讓相關批發公司、貿易暨進口公司和零售公司的資金，跟位於荷蘭、結構複雜的基金會進行資金大挪移，就能讓坎普拉少繳金額龐大的稅金。

因此，我們再一次看見坎普拉的兩大憂心：一是擔心有人干預、甚至清楚他的資產，所以他乾脆設計出極為複雜、讓外人無法了解的公司結構；一是坎普拉根本不相信任何人，這一點迫使他扮演起獨裁者的角色，設計出只有他能決定一切的控制架構。

我們已經見識過，本領高超的坎普拉可以不必參與日常營運活動，就能掌控產品線開發。攸關 IKEA 和坎普拉帝國的重要問題，當然也由坎普拉決定一切，就如同他在 IKEA 母公司 INGKA 控股公司董事會獨攬一切那樣。即使依據荷蘭法律，坎普拉因為年紀太大不能再擔任董事，但最後的決定權還是握在他手上。因此，他的親信最多只是幫他處理事情的代理人，甚至——說難聽點——任他擺布的傀儡。在坎普拉身邊，沒有人能占上風，甚至沒有人會想跟他作對，因為大家都要保住自己的飯碗。

不知名人士的不知名帳戶

接下來，我就將坎普拉帝國的複雜結構稍加簡化，向大家說明整個運作方式。坎普拉帝國，主要是由彼此獨立的兩大部分組成：英特宜家公司及IKEA集團。到目前為止，我很少提及英特宜家公司，那是因為IKEA集團的主要核心成員認為，英特宜家公司只是坎普拉為了賺錢和避稅而設立的，這家公司的唯一重要資產，就是IKEA品牌所有權。要使用IKEA這個品牌，IKEA每年必須將總營業額的三％，支付給英特宜家公司做為品牌使用費。這個比率聽起來不多，但是別忘了IKEA上一個會計年度的總營業額高達七十五億瑞典克朗（約新台幣三百三十三億元）。

INGKA控股公司是IKEA的母公司，而英特宜家公司的母公司則是英特宜家控股公司（Inter-IKEA Holding）。英特宜家控股設在盧森堡，但公司所有人則是登記在荷屬安地列斯群島的一家同名公司；後者則由加勒比海小國庫拉索（Curacao）的一家信託公司所有，並且負責營運。根據當地法律，不必對外公布信託公司所有人的姓名，所以，英特宜家公司的獲利，最後就會透過加勒比海小國庫拉索，轉移到不明人士的不知名帳戶。其他跟 IKEA 有關的基金會和信託公司，也是這麼做的。

根據計算，二〇〇四年，IKEA 集團和英特宜家集團的資產總值，高達一百一十九億歐元。IKEA 在二〇〇四年付給英特宜家公司八億歐元，主要是支付品牌使用費。總計來說，兩個集團共繳稅一千九百萬歐元，只占總獲利五億五千三百萬歐元的三．四％。

IKEA 的基金會和信託公司，都有一份章程，明文記載基金會的運作目標和規則。所以，在章程的範疇內只要不違法，坎普拉愛怎麼做就怎麼做。現在我們知道了，這種結構的妙處就在這裡：假如根據章程，坎普拉有權任命及開除這些重要基金會和信託公司的董事會成員，那麼他當然就能徹底掌控自己的錢。外界以為，這些基金會和信託公司是由少數幾位律師負責管理，事實上他們跟 IKEA 董事會成員一樣，只不過是聽坎普拉指示辦事的傀儡。

既然坎普拉同時掌控基金會和基金會董事，他當然就掌控了流入基金會帳戶的每一分錢。對坎普拉來說，這種設計再好不過了，因為庫拉索資金的最後流向，都由他全權做主。還有誰能阻止這些錢最後流入坎普拉掌控的瑞士帳戶呢？（事實上，從坎普拉在瑞士的別墅，走路就能到開設這些帳戶的銀行。）

總計來說，如果把IKEA過去一、二十年的獲利加起來，坎普拉透過這些基金會進行資金大挪移，應該已經掌控了好幾千億克朗的資金。若以每年至少成長一〇%的比率計算，總金額就變得相當龐大。由於坎普拉在這個精心策畫的網絡中握有至高無上的權力，又能決定並控管每分錢的去向，所以不管從法律或道德層面來看，錢確實是他的沒錯。

為什麼要否認自己賺很多錢？

坎普拉處理IKEA獲利的複雜結構，為他建立堅不可摧的陣線，因此他可以安心地跟記者說謊，並且表示沒有任何一筆錢流到自己跟家人身上。瑞典媒體Realtid.se和《經濟學人》（*the Economist*）都想找出真相，卻因為基金會捐款給慈善機構，其中關係千絲百縷難以釐清，最後都無功而返。跟IKEA有關的基金會，確實有對外捐錢，但是捐款金額只占總資本相當少的比率。

我認為坎普拉不願坦承事實的原因，是害怕自己跟IKEA的形象就此瓦解。一旦坎普拉承認自己是全球富豪，坦白自己所支配的錢就是IKEA十五萬名員工跟一千四百家供應商日夜辛勞賺來的，那麼員工跟供應商都會嚥不下這口氣。

你在IKEA每消費一千克朗，就有三十克朗會透過英特宜家公司，進到坎普拉的口袋；另外，約占銷售額一〇%的毛利（以這個例子來說就是一百克朗）也會歸他。這一百三十克朗中，有部分會再投資到IKEA集團，最後算下來，大約有一百克朗，會進到坎普拉跟他三個兒子的口袋。IKEA供應商當然會問，為什麼自己被迫提供那麼低的價格，卻肥了全球富豪跟他兒子——每個人已經有幾十億的身價——的荷包？

然而，企業家可以在實現自己的構想後賺進大把鈔票，這不就是資本主義的基本理念嗎？是這樣沒錯，問題就出在：這位企業家否認自己賺了很多錢。

別把時間用來證明自己沒錯

只有睡著的人才不會犯錯。犯錯，是積極行動、能從錯誤中學習的人，才享有的一種榮譽。

沒有任何決定是絕對正確的。一個決定的好壞，取決於我們花了多少心力。犯錯，是必須被允許的。只有平庸——通常也是態度消極——的人，才會把時間用來證明自己沒有錯。

～摘自〈一位家具商的誓約〉

坎普拉聲稱，IKEA 沒有肥了誰的荷包，只是讓許多人獲得應有的報酬；坎普拉跟 IKEA 反對有限公司，也反對「弱肉強食的資本主義者」（引用坎普拉說的話），聲稱自己跟 IKEA 秉持這項社會使命，「只想以每個人都消費得起的價格，幫助許多人買到家具」。如果一個人三十年來給同仁低廉的工資，還拚命壓低供應商價格，那他自己當然要過著極盡簡樸的生活，才不會引人非議。如果你銀行帳戶裡存有巨款的事被踢爆，而你又選擇以謊言矇騙，跟公司有關的諸多事情也故弄玄虛，最後反而可能讓自己和公司受到更大的傷害。

換句話說，這件事對坎普拉來說利害攸關，我們必須知道他為什麼說謊，以及他為什麼需要這麼多錢？多年累積下來的這筆錢，龐大到足以跟許多國家的國內生產毛額總和相當，甚至還可能超過。

賺越多錢，就生活得越簡樸

有四件事情，讓我相信坎普拉是全球首富——就算不是首富，也是全球最有錢的人之一。

首先，IKEA 這幾十年來的獲利，除了花在投資展店外，剩下的錢總得留在某個地方。每年展店二十到二十五家，當然需要資金，但卻絕對用不到幾百億克朗這麼多錢。

其次，坎普拉故意設計這麼複雜的結構，不會是為了好玩，其中一定有原因，而且原因還不少：他想掌控每分錢的資金流向、他希望稅繳越少越好，還有他不想讓別人知道自己的財務狀況。如果不如此，他就很難以撙節儉用鞭策同仁和供應商，況且他也想徹底掌控自己留給子孫的遺產。

再者，對於經年累月被記者窮追猛打的那些問題，坎普拉大可以輕鬆以對：「我可沒有掌控 IKEA 或管控 IKEA 的資金，那些都是基金會的事。」但他從來沒有這樣回答過，反而一臉不悅、強忍住脾氣。

最後一個原因是，我認識的坎普拉，對自己創辦的 IKEA 念茲在茲，所以不會隨便把 IKEA 賺的每分錢交出去。他畢生致力的，就是大權在握。站在 IKEA 資產的面前，坎普拉是個不折不扣的獨裁者，因為錢對他來說，是他奉獻一生所得到的甜美果實。

那麼，他打算怎樣處理這些錢呢？看看他過的生活，就像個窮光蛋。對我們大多數人來說，錢除了讓我們的生活有保障，也讓我們獲得社會地位。我們透過買車、添置衣服及選擇度假地點，來彰顯自己的身分地位。但是，坎普拉不同，他擁有的錢越多，就過得越簡樸。一九六五年時，他最愛穿手工訂製的毛呢西服，現在的他，卻喜歡大賣場的平價襯衫和長褲。沒錯，他不需要用車子和衣服這些身外物，來凸顯自己的社會地位。相反的，這位大富豪念茲在茲的還是錢，他要保護自己每天都大幅成長的財富，而且要悄悄進行。

我在 IKEA 工作時，同仁間都不會去想這種事，因為這等於對創辦人坎普拉大不敬。離職後，我開始回想這二十年來自己對坎普拉的所作所為有何感想，思索坎普拉怎樣運作及他的動機。我當然沒辦法完全確定自己的論據百分百正確，因此我需要坎普拉帝國用於宰制各信託公司和基金會的章程，不過這些文件卻是機密，根本無法取得。

倒是有件事，讓我相信自己想的沒錯。當年的「納粹事件」爆發時，坎普拉短短幾天內就做出回應，公開一切。那麼，對於財產這件事，他為什麼不這樣做？如果他沒有什麼好隱瞞的，那他大可直接公布基金會的章程和資金流向，不是嗎？再說，如果錢不是由他控管，他大可指出是誰在控管。但是，萬一每份文件上都有他的大名，當然他就不會笨到公開一切。

不計一切代價，盡可能地避稅

另外，還有一個攸關 IKEA 創辦人形象的重點：稅。坎普拉多年來秉持的其中一個理念是，IKEA 應該不計一切代價，盡可能地避稅。因此，他跟公司只繳納最少稅金。跟我們大多數人相反，坎普拉基於只有自己知道的原因，不想多繳稅金，讓政府把錢用在健保、教育、社會照護等社會福利上。他自己也很少提及捐款給慈善機構這種事。

坎普拉也把同樣原則應用到集團結構的設計上。當初他選擇在荷蘭設立基金會，做為 IKEA 集團的母公司，主要就是為了避稅。荷蘭對於龐大資金流入非營利基金會的法令相當寬鬆，坎普拉可以透過基金會，將資金轉移到荷屬安地列斯群島的信託公司，由當地法令保護信託公司所有人，最後就無法追查資金流向。原則上，這整個安排都能避稅；而且他向政府聲稱自己在瑞典沒有收入，所以也不必繳什麼稅。

IKEA 在全球各地的分公司，當然必須支付當地營業稅，但是整個價值鏈的設計，連這些分公司都只需要支付很少的稅金。透過貿易進口公司（HanIm）、批發商和其他管道，貨品都在公司內完成，也減少了稅金。同樣的，利用捐款給慈善機構（IKEA 確實這樣做）也能達到節稅效果，只不過捐款金額不多，只是象徵性地幫公司做好形象。或許有人認為，坎普拉這樣做也無傷大雅，只是顯得貪心罷了，這種想法當然讓坎普拉更容易脫罪。我認為，這是一個有錢人令人無法理解的行為，一種我們正常納稅人難以明白的心態。

| 第10章 |

婆羅洲的森林，印度的孩子

藏在鐵氟龍背後的真相

現在，IKEA是聞名全球的優良企業，是有企業良心、熱心公益的跨國企業；就算偶有失誤，也總能改過遷善，這就是IKEA給大家的形象。

這個形象，跟我與另兩位同事在一九九〇年代末所擬定的策略完全相符：IKEA做的每件事，都必須經得起檢驗。依據這個準則，每個人的分際就很容易拿捏，什麼問題該由誰做決定，並且必須為自己的決定和行為負責。

但實際上呢？

一切，都是為了打造好形象

瑞典電視台為了製作紀錄片《聖誕老人的工廠——IKEA的後院》（*The Workshop of Father Christmas—IKEA's Backyard*），跑遍全球各地，也揭露了

IKEA 的不當行徑。他們發現，有孩子為了生產 IKEA 的產品，在惡劣的環境下工作；一般工人也要忍耐有生命威脅的工作環境。IKEA 跟往常一樣，聲稱瑞典電視台的報導不實：那些孩子不是童工，就算真有小孩在工廠裡，他們也沒在工作；就算雇用童工，那也不是 IKEA 的錯，而是製造商的錯。坎普拉跟 INGKA 控股公司的親信們私下還說，就算有，讓孩子們辛苦工作，總比最後淪為妓女要好吧？

後來，我們跟當時的執行長莫伯格一起想辦法，改變公司對這件事的態度——因為，問題主要出在公司管理高層的態度。我在一九九六年幫公司聘請到一位相當優秀的環保經理，也是 IKEA 有史以來的第一位環保經理，圓滿解決了 IKEA 面臨的這些問題。她巡視 IKEA 在全球各地的採購辦公室，並向亞洲採購經理們表明「IKEA 做的每一件事，都必須經得起檢驗」的原則。一開始，採購經理們根本沒把她當回事，最後在領導高層的協助下，她讓這些領高薪的不聽話分子離開，也讓 IKEA 邁入新的時代。

在這位環保經理的提醒下，達爾維格接任執行長後發布的第一項命令，就是關閉緬甸的採購辦公室。達爾維格必須親自下令，而不是讓底下人處理的原因在於，當時瑞典 IKEA 負責人歐森跟採購經理庫多夫，原本都拒絕這麼做。他們兩位認為，跟緬甸做生意沒什麼不對。其實他們的想法也有幾分道理，至少沒有違背 IKEA 的政策——IKEA 的政策是不跟聯合國所抵制的國家往來，但緬甸並沒有在抵制名單上。

經過這次事件後，IKEA推動了幾項提案，環保經理蘇珊．柏格史崔德（Susanne Bergstrand）帶領的團隊，實力也更加堅強。他們推動以I-way為座右銘的大規模道德方案，所有採購經理都接受社會與環保議題的訓練，公司也招募控管人員到全球各地的工廠進行定期和臨時巡視，並雇用林務人員追蹤森林原物料，確保原物料不是來自未受侵擾的天然林。

原本擔任事業部經理的瑪麗安．巴納（Marianne Barner），接掌IKEA資訊經理，負責處理公司面臨的社會議題。在接下來的八、九年間，巴納在童工議題上做出極大的貢獻。

她說服坎普拉拿出好幾億克朗，跟聯合國兒童基金會（UNICEF）合作。這筆錢，讓IKEA成為聯合國兒童基金會的最大捐款機構，目前聯合國兒童基金會用在印度的資金，就有四成來自IKEA。聯合國兒童基金會跟巴納先前就談妥，將這筆錢用於重建印度當地村落，讓孩童能上學並受到照顧。後來，他們推出一項計畫，讓這些家庭在經濟上能自給自足，好讓小孩接受適當的教育。

我先前提過，慈善行為一向都不是坎普拉的優先選項。過去有一度，媒體還把坎普拉說成守財奴，直到二〇〇七和二〇〇八年間，坎普拉不得不為自己辯解，擅長跟媒體打交道的他發布了一項引人注目的新聞，說IKEA打算捐出四億二千萬克朗給印度兒童。這筆捐款，讓媒體同聲叫好，坎普拉形象也從原本的守財奴，變成值得一書的慈善家。媒體對坎普拉的負面報導，從此也銷聲匿跡。

事實上，IKEA 跟聯合國兒童基金會合作的這項計畫，持續進行了好多年，只是公司一直刻意低調不讓媒體知道，要等待適當時機再發布。而且，總金額也早在多年前就敲定了，坎普拉後來並沒有增加數目。再說，四億二千萬克朗是五年期計畫的預算，也就是說每年只支付了八千四百萬克朗。但對媒體記者和新聞讀者來說，這都是一筆總額龐大的捐款，相當於所有瑞典人每年平均捐出七十七塊克朗。

你自然也會認為，這筆捐款金額不算小。但老實說，相較於 IKEA 集團年度獲利（二百億克朗）、坎普拉的財富、IKEA 的價值，這筆捐款金額簡直是九牛一毛。我要提醒你的是，IKEA 從一九六〇年代起就開始賣印度的手工編織地毯，光靠這些商品就賺進了好幾十億。

另外，在 IKEA 開始關心並推動環保的幾年前，坎普拉曾經針對世界人口激增將會加速破壞全球森林寫了一篇筆記，他還拿給我看。

十二年後，也就是我寫這本書時，我必須說，當年他所預測的事已然成真。坎普拉一直以來都很有遠見，但當初他之所以寫下那篇筆記，當然不是因為憂國憂民，而是為了確保 IKEA 日後在原物料方面能夠供應無虞，做好事只是搭順風車——後來我會去找綠色和平組織合作，原因就在於此。

婆羅洲的雨林復育，打造希望之島

IKEA集團受到媒體抨擊，以及我們開始接洽綠色和平組織的那幾年，坎普拉還交待我另一項任務，他要我跟瑞典優密歐大學（Umeå University）森林學教授揚．法爾克（Jan Falck）聯絡。顯然，坎普拉跟法爾克早就針對森林問題交換過意見，坎普拉的意思是要我去問法爾克，有什麼值得資助的森林計畫。

馬來西亞的沙巴州，位於婆羅洲東北部，因為一九八〇年代初期雨林被大規模濫伐後，雨林面積大幅縮小。法爾克的構想是，由他帶領一家當地國營林業公司的科學家，進行一項雨林復育計畫。

諷刺的是，這家國營林業公司，就是當初濫伐沙巴雨林的罪魁禍首，也就是說，這項計畫等於是與惡魔共枕——至少當我跟綠色和平組織談起這件事時，他們是這樣認為的。

法爾克的計畫，當然不是要砍伐更多雨林，而是要進行熱帶雨林復育。但熱帶雨林畢竟跟瑞典森林不同，瑞典的雲杉林和松樹林物種相對單純，婆羅洲雨林卻有多達數百、甚至數千種生物。此外，兩者之間還有一個最關鍵的差異：瑞典森林每兩百到三百年會出現一場天然的「森林大火」，經過大火洗禮後，植物會再次生根發芽，動物也再度回到森林裡。因此，所有植物與動物都有所準備。

相反的，發生在熱帶雨林的大火全是人為的，這意味著雨林的動植物很容易因為人類的侵擾而受到傷害。雨林中一些主要樹種，通常會把種子掉落在周圍七十到八十公尺的範圍內生根發芽，而這些樹木必須經過很長的一段生長期才會開花結果；雖然有一種叫做血桐的小喬木生長快速，但是即便積極復育，整個雨林就算再等上千年，也難以恢復原本的樣貌。

儘管如此，IKEA 仍然決定支持法爾克的計畫，我記得這項計畫為期十年，IKEA 資助這項計畫的總金額，則跟提供給全球森林監測組織的錢差不多。法爾克挑選了一個人跡罕至的地區，讓 IKEA 與那家林業公司長期租用一萬四千公頃的林地，保護重新栽種的植物不受濫伐。IKEA 在當地蓋了一些設備簡陋的溫室做為苗圃，也雇用當地人士收集森林附近一帶的種子，並測量距離來種植小樹，讓樹苗能好好生長。

在瑞典，砍伐雲杉林後，會立即進行復育，把苗木再一排排種回去；但是在雨林進行樹木移植，就沒有那麼簡單了。因此委託法爾克進行的這項計畫，要先找出能讓雨林復育的成功模式，讓經過人工復育的森林最後能像天然林一樣。這項雨林復育計畫，最後一共種植了上百個不同樹種，也栽種了不少的果樹，做為雨林動物的食源。

十五年後當我回頭去看時，仍然認為這是個值得一做的計畫，雖然當初推動時歷經了千辛萬苦。一開始，我們先在IKEA遍布全球的分店向顧客籌募資金——顧客每捐一克朗，IKEA也相對捐出一克朗。當時我們在瑞典分店用的是「播下一顆種子」的宣傳口號，但是分店同事和顧客似乎興趣不高。

此外，在跟沙巴那家國營林業公司簽約一年後，馬來西亞政府卻跑去跟中國簽定協議，要砍掉沙巴一大片雨林去生產紙張。而IKEA租用的那片一萬四千公頃林地也會被收回，地點換成是沙巴的另一座小島。

這件事在IKEA內部引發兩派不同的意見。有人主張，為了避免媒體關注，應該盡快結束這項計畫；有人則支持計畫繼續進行，認為應該趁著雨林大受破壞之際，打造一座希望之島。最後，由INGKA控股公司董事長史滕納特主導的董事會決定繼續推動計畫。

現在，拜這項計畫所賜，IKEA在沙巴島租下的林地與大規模研究，讓IKEA成為全球復育雨林的先驅，而IKEA也因為計畫成功而在復育森林的工作上不減熱誠，並做出更多承諾，當然也獲得環保人士的大力讚揚。

透過這項復育計畫，也保護了沙巴島上的死火山。馬廖盆地（Maliau Basin）的巨大火山口，是一片風貌截然不同的高地雨林。一九九〇年代末，我跟太太和法爾克因為該計畫的簽約儀式，造訪了這個火山口。林業公司的員工告訴我們，我們是首度造訪當地的歐洲人。

我們搭乘直升機到馬廖盆地的雨林深處，整片美景及物種的多樣性，讓我們嘆為觀止。隔天，同一架直升機載我們往西飛行，前往沙巴首府哥打京那巴魯（Kota Kinabalu）。但是當我們抵達雨林邊緣時，見到的卻是一大片可怕、怵目驚心的灰色荒地。

在兩個小時的長途飛行中，舉目所望都是枯竭的荒土，沒有樹木殘株、沒有任何生命跡象，只有灰色的焦土。幾年前，這片物種豐富的雨林還綠意盎然，現在樹木卻被砍伐殆盡。我永遠都記得，當直升機飛過那片猶如月球表面的荒漠時，同行的瑞典森林學家法爾克這位老先生竟難過到掩面啜泣。

像鐵氟龍一樣不沾鍋，真好

我寫下這段文字的不久前，《新聞週刊》又有一篇關於 IKEA 的報導，文中還提到 IKEA 與綠色和平組織的合作。IKEA 被形容像「鐵氟龍」不沾鍋一樣，向來不會沾染負面消息。不難想像，當一家公司被認為在社會和環境上持續善盡職責，就算有一天被發現犯了錯，媒體在批評時也會有所保留。就像食物不會沾黏鐵氟龍鍋，批評也不會沾黏 IKEA。

這也表示，當公司發生了什麼糟糕的事，IKEA 也可以利用這種不沾鍋策略來當擋箭牌。換言之，投資造林計畫，花錢跟環保團體打好關係，都是為了掩飾不想讓外界知道的活動。

問題是，IKEA 是怎麼做到的？一般來說，最簡單的做法，當然是明令全公司，要注意社會與環境問題，絕對不要惹麻煩。但 IKEA 不只是那樣做，而是積極跟非政府組織（也就是獨立於政府部門之外的單位，至於這些組織是否獨立於商業利益之外就很難說了）建立關係；比如說，IKEA 捐款給聯合國兒童基金會和世界自然基金會，並與綠色和平組織合作，資助像全球森林監測這樣的計畫。

就拿捐款給世界自然基金會這件事來說，其實 IKEA 就等於該組織員工薪水的提供者。也因此，外界都認為世界自然基金會跟 IKEA 的關係匪淺。我的意思是，如果有一天 IKEA 被指控污染環境，世界自然基金會要怎麼批評這位金主呢？

IKEA 的不沾鍋策略，是經過精心安排的。具體做法就是跟一些知名的非政府組織打交道，與這些組織密切合作，持續不斷地以金錢資助他們。IKEA 只想從這些組織獲得一樣東西，就是：萬一媒體揭露對 IKEA 不利的消息，這些組織能出面替 IKEA 說話。

舉個例子來說，任務調查組織（Assignment Scrutiny）曾經揭發瑞典紙業龍頭 Stora Enso

——全球環境惡化最大元凶之一——在卡瑞利亞（Karelia）島未受侵擾的天然林濫伐。但問題是，在同一森林地區擁有使用權的IKEA，卻被說成優良企業。為什麼會這樣？因為，早在IKEA在當地設廠開始砍伐林木前，就已經先跟綠色和平組織調查過那一帶，找出既能滿足生產需求又能符合環境保護的方法。

IKEA有資源，也有意願投入這類環保計畫，當然是美事一樁。但IKEA打從一開始，就有自己的盤算——可以藉由這類投資，來證明自己是正派經營的公司。正因如此，IKEA平常從不主動炫耀自己所資助的環保與社會計畫，因為要保留以備不時之需。

黑心？推給中國就對了

我想要點出的是：我認為IKEA很少會刻意去傷害環境，他們只是鴕鳥心態，對自己造成的環境影響視而不見。

IKEA在全球各地有許多不同的專家團隊，擁有如此龐大的資源卻沒有善用，對環境問題一直袖手旁觀。在法律上，IKEA或許並沒有違法；但在道德層面上，卻令人不敢苟同。

我自己也是在離開IKEA後，才領悟到這一點。當初在IKEA工作時，我們根本不會去質疑同事，因為大家都對公司在環保上的努力感到驕傲。據我所知，瑞典 IKEA 的產品線部門、採購部門和物流部門，作業上既考量到商業利益，也兼顧環境保護。我擔任事業部經理期間，曾跟中國北方、東歐和俄羅斯等地的供應商做生意，很熟悉供應商該如何符合環保相關規定這類問題；此外，我還負責過沙發和布料織品這些容易污染環境的商品專案。

多年來一直有人指控，IKEA 購買的羽絨是取自活禽身上。這雖然不違法，在道德上卻站不住腳，而且 IKEA 對這件事也沒有完全說實話。如果 IKEA 負責布料織品的採購人員告訴你，說他們不清楚公司所賣的羽絨枕和羽絨被裡的羽絨來自何處，他們只是在避重就輕。他們當然知道，這些低價羽絨是以殘暴方式從活禽身上取來的。

我來說明一下緣由。一個羽絨枕的成分，一％是枕套，九九％是羽絨；而枕套所需的原料棉花，比羽絨便宜太多，因此不會是羽絨枕成本的關鍵，真正重要的是羽絨。而 IKEA 在跟供應商議價時，當然也會討論到羽絨的品質。

羽絨可分好幾類，其中最便宜的一類，就是取自活禽身上——因為這些可憐的禽類被宰殺前，可以拔好幾次毛。為了確保低價策略，IKEA 採購的一直是這類羽絨。有時候，就算 IKEA 真的無法確切掌握羽絨來源（他們會把錯全推給中國供應商），也絕對不能裝無辜。

一九九〇年代末，瑞典電視台和其他媒體一再查到 IKEA 雇用童工時，IKEA 也是這樣辯解的：我們無法掌控所有代工廠商，一切都是分包商的錯；而且我想大家也能理解，IKEA 往來的廠商這麼多，要隨時注意每家廠商的狀況，根本不可能。

但事實上，像 IKEA 這樣擁有龐大資源的企業，想跟誰做生意，就可跟誰做生意。為什麼就偏偏選擇跟難以掌握的中國羽絨廠合作呢？原因只有一個，當然就是低價，而且萬一出了差錯，IKEA 採購團隊還可以推到中國人身上。

IKEA 很清楚自己買了什麼，他們每年都至少要去那些虐待動物的工廠巡視一次——IKEA 號稱能完全掌控整個價值鏈，不這樣做根本是失職。但 IKEA 還是放任供應商從活禽身上取毛，來生產羽絨枕和羽絨被，時間至少長達三十年。IKEA 說自己不知情，完全是包商的錯，你會相信這種藉口嗎？

瑞典電視台針對 IKEA 進行調查並報導後，IKEA 的資訊經理巴納接下應付媒體的棘手工作。她當然不清楚內情，就連當時擔任執行長的達爾維格，也可能都在狀況外，因為他對瑞典 IKEA 的內部作業所知甚少。總之，IKEA 內部至少有一百名同事知道實情，但是他們全都選擇說謊或不透露實情。

我們真的沒必要砍伐這麼多樹木

IKEA不是流氓企業，這家公司確實也為環境和社會做了不少好事。但是，IKEA買賣數量龐大、採自天然林的林木，卻是不爭的事實。雖稱不上違法，卻很不道德。真正的罪犯是砍伐、運送林木的那些人，但那些加工和銷售木材的人，全是幫凶。整個價值鏈的組成分子，統統都有責任。

一般人以為，只有少數沒良心的企業才會非法砍伐林木。然而，事實十分嚇人。因為人類的活動或非法砍伐，不到一個世代的時間，全球未受侵擾的天然林，將會一個不剩；特有的動植物群落將相繼從地球上消失；林木大量消失，將二氧化碳轉換成氧氣的重要作用也勢必受到影響。

日後，我們的子孫會張大眼睛問我們：「明明沒必要，你們為何還要這麼做呢？」

事實上，人類真的沒有必要大規模且毫無控制地砍伐森林。熱帶地區許多可做為木材和燃料的樹種，要花十到二十年的時間才能長成；而在瑞典，許多森林卻都保存得很完整。破壞他國森林的唯一理由，在於業者的貪婪——非法伐木取得的木材，遠比使用瑞典林木便宜得多。

現在先來看看中國大陸的情況，我們會發現，從文化大革命後，中國人就開始破壞森林資源了。長年破壞環境的結果，帶來了山崩和其他自然災害，讓人民和生態受盡苦難。近幾年來，中國政府才開始制定嚴格法令，一方面在重要生長區進行復育，一方面依據各樹種的生長情形而規定砍伐比率。最後也同樣重要的是，木材原料應該讓中國人自己優先受惠，而不是便宜了IKEA這些覬覦便宜木材的跨國企業。

二〇〇二年，我在IKEA擔任事業部經理，當時的情況完全不是這樣。我們跟中國哈爾濱一帶的幾家公司和地方政府合作，打算購買樺木細枝，再將細枝鋸成適當大小，膠合後做成夾板。這種散發真珠光澤又有枝狀紋路的樺木夾板，可以用來做成迷人的漂亮桌面。從中國取得這種廉價樺木，讓IKEA能以一千九百九十五瑞典克朗的低價，推出NORDEN十人座餐桌，賺進大把鈔票。

那年夏季，我們的林務人員騎著機車深入砍伐區，以確保哈爾濱當地工人沒有過度砍伐；到了冬天，我們訂購的木材就被送到結冰河床上的鋸木廠。

但現在，情況不一樣了。中國廉價木料嚴重短缺，照理說IKEA的採購團隊理應從中國撤出，反正也沒有什麼便宜木材可買。但他們並沒有撤出，因為由史塔克領導的採購團隊光靠俄羅斯的木材供應量根本不敷使用——除了中國，俄羅斯及其周邊國家是唯一能提供IKEA

廉價木材的地區。

IKEA還是照常跟中國購買木材，這對生態環境造成相當大的破壞。這件事IKEA當然不願提及，至少不願對外公開。因為中國還有許多木料來源，IKEA可以透過不同管道取得。中國生意人雖然精明，卻始終沒有很強烈的商業道德感，這些商人跨越邊境到西伯利亞，非法砍伐最需要保護的未受侵擾天然林，而IKEA就是這些非法砍伐林木的大買家。

不久前，IKEA集團一位受人敬重的林務專家就深表憂心，認為從中國購買的木料中，能追查到產地的只占一到二成。企業有責任追查木料產地，倘若有一到二成的木材產地不

花大錢，你就遜掉了

如果不需要斤斤計較成本，當然不難達成預定目標。任何設計人員都能設計出昂貴的書桌，但唯有高手，才能設計出只花一百克朗就買得到、既堅固又耐用的書桌。花大錢解決問題的人，都是平庸之輩。

不看成本，我們絕不會判定一個計畫是否成功。

～摘自〈一位家具商的誓約〉

明，就算很嚴重了，而IKEA從中國購買的木料，卻有高達八、九成可能來自中國僅存的森林或西伯利亞未受侵擾的天然林——那位林務專家這樣告訴我。

其實，IKEA當然有辦法追查從中國採購的木料產地，只是這樣做得花很多錢——得雇用大批林務專家或聘請林務顧問，還必須挑選產地附近的木材原料供應商，以便就近控管伐木現場，這一切必須透過一長串的中間商，當然會讓費用增加不少。也就是說，要採購百分之百合法砍伐的木材，成本會比現在高出許多。

如上所述，中國政府對林木的控管日趨嚴格，使得精明的中國生意人把算盤打到西伯利亞身上。根據合理推測，中國木材中有大部分（甚至「全部」）都是從西伯利亞針葉林非法砍伐取得的。IKEA花費七百五十億克朗（約新台幣三千三百四十億元）採購木材，其中來自中國的木材就占二五%。換句話說，IKEA可能花費高達一百五十億克朗，購買從西伯利亞非法砍伐的木材。

轉換成林地面積，IKEA等於從原始天然林買斷了五百萬棵樹。而且，我們現在講的情況是年年發生，每年的採購量如此驚人，讓IKEA輕鬆奪下「全球第一大破壞原始林的零售業者」這項頭銜——這是十年前美國環保運動為Home Depot取的稱號。當時的這項稱號，迫使Home Depot改弦易轍，大幅修正它的環境政策。

在賣場屋頂裝風力發電機？別鬧了

氣候變遷，是我們這個世代要面臨的重大挑戰。而且我們沒有多少時間了，人類的一氧化碳排放總量必須大幅降低，才不會讓氣候變化更趨嚴重。

全球各國的領袖仍然認為，人們可以像往常那樣開車、搭機和製造污染，反正有推陳出新的環保科技會解決問題。但是，光靠任何科技領域就想解決人類這二十年來累積的重大問題，根本就是自欺欺人。

唯有消費模式出現徹底改變，才能解決人類面臨的氣候問題。環保科技當然是一大幫手，不過重要的是從根本做起。求人不如求己，你我都需要領悟到，當我們持續每天開車上班或搭機到泰國度假，氣候問題就不會有解決的一天。我們必須認清事實，慢慢改變自己的消費模式，從個人做起，才能開始改善氣候變遷問題。

遺憾的是，IKEA 也是環境問題的幫凶之一。跟其他大集團相比，IKEA 的碳排放量高得驚人。大家可能以為，把木材從偏遠地區送到 IKEA 在歐洲和北美地區的賣場，加上顧客開車到 IKEA 賣場買東西，這當中的運送和交通所耗費的能源和排放的廢氣，就是 IKEA 碳排放量居高不下的元凶，其實不只這樣。物品運送只占 IKEA 集團碳排放量的六％到七％，賣場的碳排放量比率則更低。IKEA 的碳排放量，大都來自生產塑膠製品、金屬製品、玻璃製品和其他材質製品。這些產品的製程，才是消耗能源的大元凶。換言之，改變材質、提高製程的能源效率，才是徹底改革之道。

為了降低賣場的碳排放量，IKEA 推動過太陽能板計畫，也說要在賣場屋頂上加裝風力發電機。

問題是，目前風力發電機得在平均風速每秒九公尺的地方才能運作，而我可以保證沒有任何一家 IKEA 賣場有這麼強的平均風速。但沒關係，因為光是這麼做，就絕對能讓 IKEA 獲得好評。IKEA 內部通常把這種媒體操作方式稱為「障眼法」，也就是：推出一個看起來不錯、但其實根本不能解決問題的措施。

我剛講過，整個 IKEA 集團的碳排放量高得驚人，面對這個問題，IKEA 想的不是如何為 IKEA 的塑膠製品尋找替代材質，也不是替金屬製品尋找節省能源的新製程，反而把改善的重點放在賣場——例如在賣場停車場設置電動車充電插座。

事實上，IKEA 董事會也不清楚該如何解決集團碳排放量超高的問題，既沒有列入議程討論，也沒有可信賴的策略。IKEA 集團內部原本一直試著解決這個問題，但是帶頭的環保經理後來離職了，原因是採購經理史塔克和其他頑固的保守派——以及坎普拉——都不重視這個問題。坎普拉對於環保議題非常不以為然，他認為，那些真正能讓 IKEA 碳排放量降低的做法（比方說以其他材質取代塑膠，以及引進新的製造技術），都會讓成品價格上漲。對他來說，低價策略遠比環保問題更重要，因此他在 INGKA 董事會裡，擋下了處理 IKEA 碳排放量的提案。

坎普拉膽敢這樣做的原因，是他認為外界無法探知 IKEA 帝國內部實情，所以他利用風力發電機和太陽能板來轉移社會大眾的注意力。跟其他跨國企業一樣，IKEA 反對公開測量並公布碳排放量，所以社會大眾和媒體根本不清楚實際情況。坎普拉認為，只要大家不清楚事實，IKEA 就不會受到傷害。

這是令人唾棄也相當危險的策略。不針對產品原料這個碳排放量的元凶做改善，意味著隨著 IKEA 的營業額逐年成長，碳排放量也會隨之增加——每年至少增加二〇%。換句話說，在其他企業盡全力降低溫室氣體排放量之際，IKEA 卻在四年內，讓溫室氣體排放量增加一倍。

後來，IKEA 還讓環保經理湯瑪斯．柏格馬克（Thomas Bergmark）做了好幾年。柏格馬克在環保大會上跟環保人士和記者們打交道，卻沒有好好在集團內部推動更迫切的改變。我同意，柏格馬克是幫 IKEA 打造出優良企業的形象，但隱身幕後的主導者卻是坎普拉。

不同於 IKEA 的表裡不一，多次奪下全球第一大企業頭銜的奇異公司（General Electric, GE），在氣候策略的表現就讓人讚許有加。奇異公司是上市公司，旗下子公司橫跨各行各業，從國家廣播公司（NBC）到核能發電廠和航空公司不等。像奇異這樣縱橫多個領域的大集團實在罕見，最重要的是，還能保持超強的獲利能力，這讓前任執行長傑克・威爾許（Jack Welch）成了企業界的傳奇人物。

奇異公司成功的氣候策略，要歸功於威爾許的接班人傑夫・伊梅特（Jeff Immelt），他在接掌執行長幾年後拋出氣候議題，當時不但受到大股東的連番質疑，也在公司內部引發批判，但是他不改初衷，認為這才是公司長遠成功之道。伊梅特把這項計畫命名為「綠色創想」（Ecomagination），計畫推出後很快就有了成效，也凸顯出該公司在管理結構及企業文化上的嚴明紀律。

奇異公司採取的第一項措施，是設計高效率的衡量方式，對公司本身工業活動的碳排放量進行診斷。然後，開始擬定減少碳排放量的策略，並由伊梅特的親信主導貫徹。奇異公司在三到四年內，就成功地將碳排放量降低三成，在此同時，公司還能保有（甚至提升）本身的獲利能力。

相反的，IKEA 和坎普拉卻對集團超高的碳排放量睜一隻眼閉一隻眼，害怕增加成本，害怕產品售價提高，害怕集團獲利受損。他們這樣做，不僅不負責任，也將會重創 IKEA 的企業形象。

第11章

地球上有人，就有 IKEA

家具帝國的接班未來

坎普拉將畢生大部分時間用在想辦法建立 IKEA 王朝，並讓這個王朝得以綿延久遠。「只要地球上有人類，IKEA 就有存在的必要。」話說得氣勢磅礡，卻透露出坎普拉對自己畢生心血的擔憂，害怕有一天 IKEA 可能不復存在。

今天，IKEA 這個家族企業很快就將面臨第一次世代交替，不管坎普拉這位大家長喜不喜歡，IKEA 很快就要進行權力交接。坎普拉家族有誰能接下如此重責大任？坎普拉的三個兒子中，誰會被這位年長統治者拱上王位？在坎普拉交棒後，IKEA 會變成什麼模樣？

坎普拉在一些場合中表示過，他的三個兒子都不會接任執行長，但是會以不同方式參與公司營運。坎普拉認為這不成問題，但依我看，事實並非如此。過去幾年來，IKEA 數百位高階主管都跟坎普拉的三個兒子打過交道，大家私下討論時，都為公司的前景憂心不已。十幾年來，我一路看著彼德、約納斯和馬第亞斯，剛開始我們沒有交集，後來其中一人成了我的直屬上司，有一位在我負責的宜家綠能科技擔任董事。

話說回來，其實 IKEA 集團的世代交替，也不是那麼難預測。媒體已經報導過，在 IKEA 內部也日漸明朗。基本上，坎普拉會將資產平均分給三個兒子，也就是把整個 IKEA 集團和英特宜家公司交給三個兒子負責。

並不是每一個有錢家族，都富不過三代

俗話說：「富不過三代。」這表示第一代辛苦取得財產，第二代繼承家業，第三代就把家產敗光。不管家族企業是經過二代、三代或四代才被搞垮，每次世代交替就是一項重大挑戰。其他瑞典家族企業的接班情況又怎樣呢？

以瑞典名流沃倫柏格家族為例，傑科・沃倫柏格（Jacob Wallenberg）跟他的堂兄馬克斯（Marcus）一起繼承家業，兩人逐漸建立起自己的領導風格，也讓家族企業興盛至今。

克莉絲汀娜・史坦貝克（Cristina Stenbeck）在父親意外過世後，開始接掌瑞典最大投資

公司 Kinnevik 並跨足媒體業。打從一開始，她就重用有能力的專業經理人，並以延續家業為首要目標。同時，她還指派米亞・李夫佛斯（Mia Brunell Livfors）為 Kinnevik 公司的負責人，這項人事安排對以男性主導的史坦貝克家族來說實在出人意料。不過，當初抱持懷疑態度的人，現在應該都無話可說，因為這些年來這家企業有長足的進展。

至於瑞典知名服飾品牌H&M這個家族企業，皮爾森（Karl Johan Persson）在二〇〇九年接掌大權時，年僅三十三歲。根據負責觀察皮爾森的同事表示，皮爾森夠成熟，足以接下這個重責大任。畢竟，他的父親史蒂芬當時也是年紀輕輕就繼承家業，虎父無犬子，皮爾森在家族企業裡的地位也日漸重要。

這些接班人顯然都有一些共同特質。首先，他們都很聰明，見識廣、視野寬，能夠了解大企業錯綜複雜的事務，認清情勢，進行策略性思考。其次，他們似乎都有超乎常人的判斷力，當他們必須指揮家族企業穿越重重難關時，可以憑著理性與直覺做出判斷。最後一點是，他們的社交手腕都很好，能贏得同仁信任，這也是我們常講的領袖特質。

曾任 IKEA 執行長的莫伯格和達爾維格，都具備這些特質，只是兩人又有些許不同。莫伯格以個人魅力和能力折服團隊，動見觀瞻，而且記憶力驚人，又具備了解複雜問題的罕見能力。「其實，你的意見才最重要。」他通常會這麼說。

達爾維格比較拘謹，但是他有過人的聰明才智和迷人的特質，總能在會議中成為焦點，也有辦法將理性推論跟常識結合。他總是知道什麼時候該說話，什麼時候該靜靜等待，擔任英國 IKEA 負責人時，我們這些經理人都把他當成典範。

坎普拉在三、四年前，開始將兒子們安插在所有策略層級的董事會裡面，盡快讓他們進入公司核心，也讓他們在不同場合中露臉，此舉在 IKEA 高階經理人之間開始引發騷動。許多經理人都知道彼德三兄弟相當難纏，很難跟他們共事，有些經理人也清楚自己幾年內可能工作不保。這些經理人大都在 IKEA 工作多年，具備公司不可或缺的能力，在坎普拉交棒後，IKEA 要繼續生存發展，非靠這群老將不可。

問題是，位高權重的這三兄弟，只了解集團一小部分的活動，通常沒發現自己的天真，不是只憑好惡來做事，就是罔顧現實，完全看營業數字來經營公司。這意味著，一旦集團受到大大小小的問題干擾時，他們根本拿不定主意。其中，又以馬第亞斯跟彼德最囂張，對大小事情都有意見，讓 IKEA 領導團隊現在幾乎只能聽命行事。因為大家只有兩個選擇，一個是聽話保住飯碗，一個就是離職走人。

我跟彼德共事過，也不止一次面臨這種為五斗米折腰的天人交戰。瑞典 IKEA 負責人雷德柏杜蒙特、INGKA 董事長史滕納特這些資深同仁，就是最好的例子，他們分別在馬第亞斯和彼德的授命下被掃地出門（當然，這對兄弟不是直接開口要他們走人，而是透過別人下手——雷德柏杜蒙特是被達爾維格開除的，而史滕納特則是被姊夫坎普拉免職）。有這種紀錄在先，這三兄弟正式接班前，我們大概已經知道日後會如何發展了。倘若這三兄弟可以毫不猶豫地把公司最資深的經理人開除掉，那麼職級更低的經理人所面臨的處境，顯然更加險峻。

坎普拉的兒子們

彼德、約納斯和馬第亞斯這三兄弟，究竟是怎樣的人？

現年四十三歲的約納斯，是坎普拉的二兒子，太太是伊朗人，目前和子女定居倫敦。約納斯主修設計，對設計領域特別感興趣。他曾經為 IKEA 設計過幾件家具，但銷路不佳。

約納斯生性拘謹，部分原因是他的口吃，每次回答問題時都不超過兩、三句話。他平日不要派頭、待人親切，不像哥哥和弟弟那樣愛搶風頭，也甘願服從彼德的領導。除了聽說他在瑞典 IKEA 討論產品線時，態度比較硬之外，從來沒聽他發表過什麼重要意見。在我看來，約納斯是受父親所迫，不得不出席跟 IKEA 未來發展有關的各項討論會，不過他的確對設計和產品線有興趣。

約納斯是身材高大的帥哥，而弟弟馬第亞斯則體型較小、長相普通。馬第亞斯有一張娃娃臉，總是睜大著眼睛，見到人就露出要笑不笑的表情，一副缺乏自信的模樣。現年四十歲的他，在五、六年前跟妻小分居，夫妻兩人是一九九〇年代在IKEA兒童事業部工作認識的。因為女方比馬第亞斯年長幾歲，這場姊弟戀在史馬蘭這個保守的小地方還一度引起騷動，如果我沒記錯，女方還有小孩。

話說回來，藐視傳統、違逆雙親不是馬第亞斯第一次這麼做。在坎普拉家族中，只有他因為生活太奢華而上報兩次。他住在倫敦高級住宅區，二〇〇一年想把房子賣掉，卻因為景氣差脫手不易，當時他出價一百八十萬英鎊，還被英國小報拿來炒了一番。幾年後，同樣的事又發生了，只不過這次是在瑞典。馬第亞斯透過IKEA旗下的一家公司，以超過二千萬克朗的價格，在法爾斯特布（Falsterbo）買下一棟房子，媒體當然不會放過這條新聞，也找出這間房子的所在地點（馬第亞斯目前的住所）。

馬第亞斯過著如同單身漢的生活，每天吃喝玩樂，跟女生打混。不久前，IKEA一位高階主管告訴我，馬第亞斯在哥本哈根砸爛了一家餐廳，IKEA馬上出面收拾爛攤子，付了店家修理費和金額龐大的封口費。會做出這種事的人，有足夠的判斷力去帶領一家十五萬名員工的大集團嗎？想想看，IKEA的經理人（不管是高階或基層）要是做出這種事，一定馬上捲鋪蓋走人。只不過據我所知，根本沒有哪位經理人離譜到鬧出這種糾紛。

後來，當坎普拉要馬第亞斯出任丹麥瑞典 IKEA 負責人時，拒絕這項要求的 IKEA 歐洲區負責人拉森馬上丟了飯碗。官方說法是，馬第亞斯做得很好，讓丹麥 IKEA 轉虧為盈。事實上，馬第亞斯根本什麼也沒做，讓公司轉虧為盈的所有策略決定早就做好了，他只是坐享其成而已。

他在擔任丹麥 IKEA 負責人的兩年期間，讓同仁的日子相當難熬。只要事情不順他的意，他就大發雷霆，比獨裁者更獨裁。我在阿姆胡特產品週時見過他，當時 IKEA 全球各地的經理人，都必須在產品週發表簡報。在三十到四十名經理人與會的會議室裡，只要馬第亞斯對簡報內容不滿意，就當眾開始做人身攻擊。總之，他就是要強迫大家接受他的構想與看法。

開放討論一向是 IKEA 優秀的企業文化之一，因此馬第亞斯這樣蠻橫的做法實在令人難堪。我跟馬第亞斯的共事經驗不多，無法對他的才能發表意見，但是他這個人缺乏判斷力，光是這件事就很讓人擔心，而且他似乎認為自己身為坎普拉家族成員，日後有必要以鐵腕作風統治 IKEA。

如今正邁向五十歲的彼德是坎普拉的大兒子，也是三兄弟中我了解最深的一位。他跟丹麥籍妻子、兩個小孩住在比利時布魯塞爾，修的是經濟學，對技術方面也很感興趣。他最喜歡看的雜誌是國際知名太陽能光電權威《*Photon*》，這是太陽能產業人士必看的一本雜誌，但內容枯燥，頁數又多，就像電話簿那樣厚厚一本，訂閱費用也不便宜。

坎普拉交棒後，IKEA這個重擔很可能就落在彼德身上。長久以來，人們背地裡嘲笑他是個複製品——他用盡一切努力想跟父親一樣，除了模仿坎普拉的表情、走路姿態、笑聲、措詞用語，連閱讀障礙症也一併接收，還有父親常用的方言、眼神，甚至聲音，一個不漏。有時候，他跟人講話時，還真的如同坎普拉的年輕版。

而且，他好像也遺傳到坎普拉的一些缺點，比方說脾氣不好。只要事情沒能如他所願，就會馬上變臉。彼德很注意細節，他會強迫董事會或事業諮詢會議花幾個小時處理瑣碎小事，但是對策略性的大問題卻興趣缺缺。不像他的父親，有能力可以掌握大小事情，能從瑣碎小事講到策略性大層面，不但關注細節，也能考量全局。

說到領袖特質，彼德也沒有。現在他隨時都有可能成為IKEA這個帝國的大當家，要負責帶領十五萬名員工。眼界、心量都不夠寬大是他的致命缺失，我跟林達爾曾三番兩次提醒過他，但他還是我行我素。不過，彼德的社交手腕還不錯，也還有幾分個人魅力。可惜的是，他的脾氣陰晴不定，也因為這樣而令人難以捉摸，導致身邊的人每天都提心吊膽，無法全力發揮創意，變成只是為他落實決策的幫手。

小舅子出局，震驚全公司

隨著年歲漸大，坎普拉有時會擔心萬一自己猝然離世，辛苦打下的江山可能會一夕跨掉，所以他向自己在組織內部最信任的老友尋求協助，這些人也都是五、六十歲的老人了。跟我私交不錯的一名同事告訴我，坎普拉在二〇〇八年夏天曾經一臉憂心地表示：「我那三個兒子沒救了，親愛的波西，請你答應我，儘管他們如此無能，你也要確保 IKEA 能正常運作……。」

就在坎普拉跟 IKEA 的資深同仁表達他的憂慮之後，關於「創辦人憂心公司未來」的傳聞開始甚囂塵上，坎普拉的三個兒子最後當然都聽說了這些傳聞。在威權教育下長大的人都知道，讓老爸息怒是畢生唯一的使命；但是，被老爸當成笨蛋，這種傳聞就像被當眾打巴掌那樣，讓好不容易培養出來的自信也一掃而空。

幾年前，坎普拉在某次家庭會議中，也曾說 IKEA 的繼承安排，或許是他畢生最大的錯誤。當時，坎普拉的小舅子史滕納特擔任 INGKA 控股公司董事長，他在 IKEA 工作多年又表現優異，IKEA 暢銷浴室系列 PERISKOP（二十年過去，這個系列商品還是賣得很好）就是他擔任產品經理時的傑作。在 IKEA，每年產品線都會做三〇％的更動，能如此長壽的產品少之又少。

史滕納特能力很強，又有超乎常人的判斷力，再棘手的問題也難不倒他，他對生產、採購、產品線開發、零售和物流都有既全面又深入的了解，在我認識的 IKEA 同仁中，除了坎普拉以外，就屬史滕納特最熟悉公司業務，而且 IKEA 各階層同仁都敬重他，也跟他互動良好。

但是，史滕納特犯了一個錯。他覺得彼德優柔寡斷、判斷力差，所以力挺馬第亞斯接掌家族企業。彼德得知此事後當然反應激烈，不久後，史滕納特就被免除 INGKA 控股公司董事長一職，下調去負責 IKEA 在日本和中國一些不太重要的職務。彼德還是坎普拉的首選接班人，也是三兄弟中最強勢的一位。

對我們這些多年為坎普拉家族效力的小人物來說，聽到史滕納特被免職當然震驚不已。因為他是唯一跟坎普拉家族有關係的人當中，有能力在坎普拉交棒後帶領 IKEA 的人。史滕納特遭到免職後，IKEA 一些重要主管不是紛紛求去，就是在彼德三兄弟的授意下一一被開除。

這幾年來，許多人企圖了解坎普拉當初為什麼會為了兒子們，放棄了能力十足的史滕納特。真正原因至今還是一個謎。

鹹魚翻身的歐森，能帶領公司邁向未來嗎？

二〇〇九年四月，一如外界預期，坎普拉跟三個兒子挑選了歐森繼達爾維格之後接掌執行長。

IKEA 內部沒有誰比歐森更適合接任執行長。他在 IKEA 工作三十年，熟悉 IKEA 整個價值鏈在全球各地的運作，在他擔任瑞典 IKEA 負責人期間，在開放式、沒有隔間的事業部辦公室到處走動，展現自己的社交手腕。這你聽起來或許不覺得什麼，但在 IKEA，歐森是唯一用這種方式走進同仁生活的總部負責人。

他常會把布拉希潘的七百名員工召集到大廳，讓大家知道他對事情進展的看法，而且他的用語淺顯到讓人容易理解，也能吸引大家的注意。「你們經常聽人說，應該考慮當地的價格波動，但是我告訴你們，別為這種事情操心！」他會用斯堪納省口音這麼說。

歐森在 IKEA 工作長達三十年，如果要用一個字眼形容他的工作表現，那就是「智慧過人」。我先前提過，他的博學多聞有時幾乎可以跟坎普拉相媲美。最厲害的是，開會時，他可以靜靜坐上幾個小時，然後突然起身，以簡要文字在白板上摘要會議重點，並為長達幾個小時的討論做出結論，讓在場人士精神一振。

不過，歐森之所以適合擔任 IKEA 執行長，也許主要原因是他的領導特質。我在 IKEA 工作的二十年間，遇過的高階經理人可以分成兩大類型：一種是自我中心並主導自己參加的每場會議，一種則是不表示太多意見，就連應該表示意見時也三緘其口。拉森和雷德柏杜蒙特是第一種類型，很少發表意見的達爾維格則是第二種類型。厲害的歐森顯然更勝一籌，他可以在安靜觀察和積極詢問這兩者間巧妙轉換，推動整個討論繼續進行，並且堅持自己的立場。

歐森不只是瑞典 IKEA 負責人，也負責 IKEA 所有產品線、採購和物流等問題，另外他還負責史馬蘭森林的一個業餘部門（目的是把這個部門轉型為世界級企業），他的工作量這麼大，難怪他以為自己會在莫伯格之後接任執行長一職。

不過，當莫伯格被美國 Home Depot 挖角之後，接任執行長一職的卻是達爾維格。我個人推測，原因可能是當年在坎普拉眼裡，歐森有兩件事讓他不滿意：首先，歐森直來直往，就連坎普拉也拿他沒輒。我就親眼看過歐森堅持立場，不睬坎普拉的意見。這點是做得有點「過火了」，我的意思是，歐森應該懂得察言觀色，知道什麼時候自己該收，什麼時候該放，對錯有那麼重要嗎？反正一切都是坎普拉說了算。但是，歐森就是沒有學到教訓，在一些場合裡照常跟坎普拉爭執不下，惹惱了坎普拉。

歐森讓坎普拉不滿意的第二件事是，他的能力太強。儘管歐森不常在會議中發表個人意見，但他還是有辦法利用個人魅力，在簡報自己消息靈通的貢獻時迷倒全場，徹底掌控整個會議。他跟拉森的情況不太一樣，拉森很聰明，也跟坎普拉有過爭執，但歐森太出色了，讓人有威脅感。我認為十年前歐森沒能接任執行長，原因就只是坎普拉無法忍受身邊有這樣出色的經理人，搶走眾人目光。

結果，歐森就這樣被打入冷宮，而且時間還長達十年。想不到，他竟然還能鹹魚翻身，再度得寵於坎普拉，甚至接任執行長。坎普拉這個人很主觀且頑固，一旦他對某人印象不好，就很難改變。歐森何以能重新獲得坎普拉的信任，我認為道理很簡單，那就是 IKEA 內部沒有其他更適合的執行長人選。坎普拉很清楚執行長的重要性，一旦兒子們接班，就需要一個能力十足的執行長來幫助他們。

結語

穿越藍色高牆之後

儘管我在這本書裡對 IKEA 提出了一些批評，而且有些批評還十分嚴苛，但回想起自己在 IKEA 工作的二十年時光，還是感到滿心喜悅。坎普拉絕對是我共事過最與眾不同也最具啟發性的人物，想起我們與 IKEA 所有同仁一起共度的那些歡樂時光，就讓我備感溫馨。即便已離開 IKEA 多年，對於 IKEA，我仍然是感謝又懷念。

不過，回首以往，也讓我明白自己那段二十年的光陰錯過了什麼，那就是：溝通。開誠布公及批判式的溝通，是 IKEA 對內對外都真正需要的，遺憾的是，這種溝通在 IKEA 的黃藍牆後面根本就不存在。

以往，我們在 IKEA 只講忠誠；現在，同仁們更常提起的是「同心協力」。不管用什麼話來講都一樣，言下之意就是：有些事不能問，有些事不能說，只有 IKEA 董事會 INGKA 控股公司和坎普拉父子才有權聞問，因為集團的一舉一動都在他們的掌控當中。

開誠布公、批判式的溝通對 IKEA 來說，非常重要。原因無他，沒有哪位記者能穿越 IKEA 築起的高牆，外面的人不僅看不透 IKEA 的全貌，甚至連一小部分事實都無從得知。IKEA 是全球最強勢的品牌之一，在全球各地有十五萬名員工，連同供應商和分包商一起算，總計多達五十萬到一百萬人。這些人要靠 IKEA 維持生計，其中多數人還是住在沒有社會安全網的國家裡頭。但是到目前為止，大家對 IKEA 的了解，還是僅止於一場場精心設計的記者會，以及幾個記者於夏末在史馬蘭鄉間跟坎普拉看似親切的閒談後的報導。為什麼會這樣？

對媒體和社會大眾來說，IKEA 自始至終都像一個謎。IKEA 這樣隱匿一切，究竟讓誰得到好處？

從法律層面來看，IKEA 是一家未上市的家族企業，當然有權保持沉默且行事隱匿，但這並不表示，在道德層面上他們有權這樣做。像 IKEA 規模如此龐大的公司，有責任要開誠布公地討論重要議題，那是 IKEA 對社會的責任，因為如果不是社會大眾的支持，這家公司不可能成長到如此大的規模。我希望透過這本書做到的，就是能讓 IKEA 真心誠意地面問題。

同樣的，我們對坎普拉這位傳奇人物也有所期待。要評論坎普拉這個人，我們當然也必須認清他的缺點，我指的不是酗酒或讀寫障礙這類他自曝的缺陷，因為那是他想巧妙隱瞞事實的障眼法。除非我們能認清坎普拉這個人的多面性格，否則我們根本不可能了解這個創辦人，也無法了解他一手創辦的公司。

我在本書一開始就說過，本書內容是我在坎普拉身邊及在 IKEA 工作多年的回憶錄，我要再次強調的是：這，都是我的親身經歷。

| 附　錄 |

一位家具商的誓約

打造 IKEA 文化的九個觀念

花大錢解決問題的人，都是平庸之輩。

老在開會，是因為該負責的人不敢負責。

作戰時把戰力分散的主帥，最後一定落敗。

……

編按：坎普拉在一九四三年創辦IKEA後，對外重視企業形象的打造；對內也積極建立他所要的企業文化。他在一九七〇年代所寫下的〈一位家具商的誓約〉中，闡述他的經營理念與生活哲學。這篇簡潔扼要的文字，打造了今天IKEA稱霸全球的文化。如上述當頭棒喝的許多雋永格言，就是出自這份誓詞。直到今天，這份誓約不僅是IKEA員工的中心思想，也是管理學上津津樂道的典範。作者特別收錄於本書，供讀者一窺究竟。

1. 產品，就是我們的識別。

我們應該以許多人都買得起的低廉價格，提供消費者各種精心設計的實用家具。

產品線

我們的產品，**必須**涵蓋所有居家環境——也就是住家內外——都會用到的全部家具和設備。另外，家庭會使用到的工具、用品和裝飾，以及自己動手裝修與裝潢會用到的各種零件，還有公共建築會用到的物品，我們也應提供。

產品線不能無限擴增，否則會對價格帶來不利影響。

大家要把重心，放在每一個產品類別裡的最關鍵產品。

產品線概述

我們的重點，永遠要放在**最基本的產品**類型。最基本的產品，就是「IKEA的代表商品」。

我們的「最基本產品」，都必須有清晰的特徵。必須藉由簡單直接的設計概念，反映出我們的想法。同時也必須簡單耐用，反映出更輕鬆、更自然、也更不受拘束的生活方式。我們必須透過明亮與豐富的色彩，展現年輕與歡樂，來打動不同年齡層顧客的赤子之心。

在北歐，我們要向消費者呈現「IKEA 特色」；在北歐以外的其他地方，我們要呈現「瑞典特色」。

除了最基本產品，我們還要針對廣大的消費者提供比較傳統的用品；這類傳統用品，有時能與最基本產品結合，但**只能**在北歐以外的地區推出。

功用和品質

IKEA 不生產「用過就丟」的東西。不管消費者購買任何產品，都要讓消費者能夠長期擁有，因此我們的產品必須好用且耐用。

品質本身不是目的，必須依據消費者的需求調整。比方說：桌子就比書架更需要堅硬耐用的表面。所以，用較昂貴的方式處理桌面，能讓消費者使用得更久；但如果書櫃架子也這麼講究，只會讓消費者多花冤枉錢，反而沒好處。

品質，必須以消費者的長遠利益為考量，我們應該以瑞典的安全標準（Swedish Möbel-fakta）或其他合理規範為標竿。

低價卻不失品味

大多數人的財富都是有限的。而我們希望服務的，正是**大多數人**。因此，最重要的就是：維持最低的價格水準。但我們要追求的是低價卻不失品味，並且不能因此犧牲產品的功用或技術品質。

我們必須盡全力確保產品價格夠低，而且要比對手的價格低很多。我們也必須針對消費者所需要的各種功能，提供最物超所值的產品。

每個產品類別，都必須包含「令人眼睛一亮的商品」（也就是超低價商品）。產品也不能過度擴張，以免對價格產生危害。

低價卻不失品味的概念，需要所有同仁共同投入才行。從產品開發人員、設計人員、採購人員、行政人員和倉庫人員、業務人員，以及其他影響採購價格的所有人員和**所有其他成本**——簡言之，我們每個人都要為此努力！如果不能降低成本，就不可能達成「低價卻不失品味」的目標。

產品線政策的變更

「服務大多數人」的基本政策，絕不容改變。這份誓詞中所提到的準則，唯有經過

INGKA 控股公司和英特宜家公司共同決定，始能變更。

2.IKEA 精神：腳踏實地、勤奮不懈。

關於 IKEA 精神，你一定體驗過，甚至有自己的詮釋。過去當我們人數不多，大家朝夕相處，當然比較容易保持我們的 IKEA 精神。

以前，事情也比較單純——我們隨時可以互相支援，有需要就伸出援手；這是小公司的好處，也讓我們充分發揮所長；我們很省，省到近乎吝嗇的程度；我們謙卑，熱愛工作，患難與共。但是現在，IKEA 也好，整個社會也好，都已經變了。

不過，我們在 IKEA 每位同仁身上，依舊能看見 IKEA 精神。不管是資深同仁或新進員工，大家每天都像無名英雄般認真努力，有許多、許多同仁也以此為傲。在我們這種大集團裡，並非每位成員都像我們這麼有責任感和工作熱忱，有些人只把工作當成謀生工具，認為工作就是工作——到哪家公司都一樣。有時候，你我必須負起職責，燃起同仁的工作熱情，為看似單調乏味的工作，注入生命與溫暖。

IKEA 的精神，要靠我們的熱忱才能發揚光大。所以我們必須持續努力地創新、秉持成本意識、準備負起責任並伸出援手、在工作上保持謙卑，並追求簡單。我們必須彼此照顧、相互勉勵，同情那些無法或不打算加入我們的人。

工作，絕不只是謀生工具。如果你對工作沒有熱忱，就等於把此生三分之一的時間都浪費掉，浪費掉的時間，再怎樣也彌補不回來。

對於肩負領導責任的人而言，最重要的，是激勵同仁並讓同仁發揮所長。團隊精神是一件很美好的事，這表示每個員工都要善盡職責，領導者要徵詢團隊意見後，才做決定。決定之後，就別浪費時間爭辯了。學學足球隊的精神吧！

我們要誠心感謝團隊中的典範！那些樸實、沉默、總願意伸出援手幫助別人的人，他們善盡職守，默默地扮演好自己的角色。對他們來說，清楚界定責任雖有必要，卻令人厭惡；對他們來說，幫助別人、與他人分享是最自然的一件事。我稱他們為中流砥柱，是因為每個體系都需要這種人。他們無處不在，在我們的倉庫、辦公室和業務團隊裡，都看得到他們的身影。

他們就是 IKEA 精神的化身。

是的，IKEA 精神依舊在，但也必須隨時代變遷調整改進。發展與進步，未必是同一件事。身為領導者、身為擔負責任的人，要如何推動「有進步的發展」，通常取決於你自己。

3. 賺錢，為我們帶來更多資源。

請牢記我們的目標：為多數人創造更美好的生活！

要達成目標，就必須擁有資源，尤其是錢。我們不相信不勞而獲，我們相信苦幹實幹，才能獲得成功的果實。

賺錢，是很棒的兩個字！我們就從了解「賺錢」的戲劇性含意開始講起吧。

賺錢，能為我們帶來資源。資源的來源有二：一是自己賺來的錢，二是來自政府的補貼。所有政府所提供的補貼，不是來自國營事業的盈餘，就是來自你我繳的稅。

讓我們靠自己的力量，來累積我們所需要的資金吧。

我們努力累積資金，目的**是希望長久下來能有好結果**。你很清楚該怎麼做：提供最低的價格，也必須提供優良的產品品質。如果我們抬高售價，就無法提供最低價格；如果我們壓低售價，就無法累積資金。這實在是一個難題！它強迫我們開發更有經濟效益的產品，進行更有效率的採購，堅持在各方面節省成本。這，就是我們的祕訣，也是我們成功的基礎。

4.用最少的資源，創造最大的結果。

IKEA有個老觀念非常重要：長期以來，我們不斷證明即便只靠很少錢，或是很有限的資源，都能創造很好的結果。

在IKEA，浪費資源可是一項重罪。如果不需要斤斤計較成本，當然不難達成預定目標。任何設計人員都能設計出昂貴的書桌，但唯有高手，才能設計出只花一百克朗就買得到、既堅固又耐用的書桌。**花大錢解決問題的人，都是平庸之輩。**

不看成本，我們絕不會判定一個計畫是否成功。在IKEA，產品絕對不可以不貼上價格標籤！正如同政府不能不告訴納稅人，學童的「免費」營養午餐每份花了多少錢。

在你做決定之前，要先把成本弄清楚；唯有這樣，你才能判斷這個決定是否值得。

浪費資源是人類最大的弊病之一。許多現代建築，在我看來比較像是象徵人類愚蠢的紀念碑，而不是真的為了有需要而蓋的。

不過，讓我們付出更多代價的，其實是日常生活中的浪費，好比說：把再也用不著的文件歸檔；花時間證明自己是對的；因為現在不想負責、而把決定延到下次會議；可以寫張便條或發封傳真時，卻還打電話。這種事，簡直多到不勝枚舉。

所以，請大家依照 IKEA 的簡樸作風，善用資源，那麼你就能用小錢，獲得大成功。

5. 簡單，是一種美德。

在一個團隊或是一家公司裡，需要有規則才能運作。但是，當規則越複雜，人們就越難遵從。複雜的規則只會讓組織癱瘓！

歷史包袱、恐懼及不願負責，都是官僚主義的溫床。優柔寡斷只會產生更多統計數字、更多調查、更多委員會、更多官僚制度。官僚制度會把一切複雜化，複雜則會讓組織癱瘓！

規畫，通常跟官僚制度畫上等號。為了讓大家都明白自己的任務，同時讓公司能長期運作，當然需要規畫；但是別忘了，**過度重視規畫，是企業滅亡最常見的原因**。過度強調規畫，局限了行動的自由，反而讓人沒有時間把事情完成；複雜的規畫更會讓組織癱瘓掉，所以我們要以**簡單**和**常識**，做為一切規畫的準則。

對我們來說，簡單是一種美德。簡單的運作，意味著有更好的效果；簡單的行為，讓我們更具優勢。在跟同仁、供應商和顧客建立關係時，我們也要秉持簡單和謙遜的一貫作風。

我們不住豪華飯店。不只是為了省錢，而是要秉持簡約原則。我們不需要豪華汽車、時髦頭銜、量身訂製的服裝或其他身分象徵，我們靠的，是自己的實力和意志！

6.勇於嘗試新方法。

如果我們從一開始就向專家請教，問他們像阿姆胡特這麼小的城鎮，是否足以撐起像IKEA這樣的公司，專家們一定反對我們這麼做。

但是今天，阿姆胡特成了全球最大家具集團的總部所在地。

常常問問自己，為什麼這麼做、為什麼那麼做，我們就能找到新的方向；如果能拒絕接受既定模式，我們就會進步。

我們就是勇於用不同的方法做事！不管是大事或日常小問題，都一樣要勇於創新。

我們會去生產窗戶的工廠採購桌腳，會去生產襯衫的工廠採購沙發套，都不是什麼機緣湊巧，而是不停問自己「**為什麼**」的結果。

我們反對任何傳統觀念，不是因為傳統有什麼不好，而是為了提醒自己要不斷追求發展與進步。

我們最重要的任務之一，就是不斷激發與保持工作上的活力。這正是為什麼，我希望每家分店都長得不一樣。我們都知道，通常新開的分店都一定會有些地方做得不夠好，但整體而言，他們都會交出最好的表現。我們必須藉由活力和勇於實驗，持續帶領我們向前邁進。「**為什麼**」，將永遠都是重要的關鍵詞。

7.專注，是成功的關鍵。

作戰時，讓戰力分散的主帥最後一定會落敗。同時參加很多種競賽的運動選手，也有相同的問題。

對我們來說也一樣：專注，是非常重要的。

我們絕不可能同時做到每一件事、到達每一個地方。

我們的產品線，絕不可以包含太多種產品。我們必須理解，絕不可能滿足所有人的喜好。因此，我們必須專注於自己的強項。絕對不要同時推銷產品線上的所有商品，要集中火力推銷主打商品。我們無法同時攻占不同的市場，因此要集中資源取得最大成效（而且不要花太多錢）。

在我們專注一件事情時，我們必須學會史馬蘭當地人常說的 lista，意思就是：用最少的資源，做你想做的事。

當我們進入一個新市場，我們要專注在行銷上。「專注」的意思是，在某些重要階段，我們可能得有所取捨，一些照理說應該也很重要的事情——比方說：保密措施——也許得暫且放下。這也就是為什麼，我們必須格外重視每一位員工的誠實與忠誠。

專注，這兩個字暗示著力量。在日常工作上善用這兩個字，它將帶給你好結果。

8. 勇於承擔，因為這是一種榮譽。

在企業和團隊裡，不管哪個階層都會有人想要自己做決定，而不想躲在別人的決定背後。這種人，就是勇於承擔責任的人。在一家企業或一個團隊裡，這種勇於負責的人越少，組織就越官僚。

當一個組織老是在開會，通常就是因為負責做決定的人，不願意或沒有能力負責，才會造成這種結果。「民主」、「多聽聽意見」，只是這種人常用的藉口。

承擔責任，跟教育程度的高低、財富的多寡或職位的高低無關。無論在倉庫、採購部、業務部或行政部——簡言之，任何地方——我們都能找到勇於負責的人。他們是每個組織中不可或缺的重要成員。

一家公司要進步，就不能缺少這種人。他們會帶領大家往前邁進。

在 IKEA 這個大家庭裡，我們注重每個個人，也重視彼此協助。我們每個人都有權利，但也有該盡的職責。這是一種「負責任的自由」。你我都要學習果決，都要擁有承擔責任與做決定的能力。

只有睡著的人才不會犯錯。犯錯，是積極行動、能從錯誤中學習的人，才享有的榮譽。為了達成目標，我們必須不斷練習做決定、承擔責任，必須不斷克服犯錯的恐懼。**怕犯錯，就是官僚主義的根源，也是個人和企業追求發展的敵人**。

沒有任何決定是絕對正確的。一個決定的好壞，取決於我們花了多少心力。犯錯，是必須被允許的。只有平庸——通常也是態度消極——的人，才會把時間用來證明自己沒有錯。能力好的人，總是積極進取並放眼未來。

勝利，永遠屬於積極進取者。他們總是為自己與同事帶來歡樂。但有人贏並不表示一定有人輸，最棒的勝利是沒有輸家的。如果有人偷了我們的點子，我們不會去告他，因為打官司是消極的。我們的對策是：想出一個更棒的新點子。

做決定，承擔責任吧，這是你的權利、你的義務——總之，是你的榮譽。

9. 提醒自己，不進則退。

真是美好的未來！

完成一件事情的感覺，就像服了強效安眠藥。一個自認此生已經無事可做的退休族，很快就會衰老。一家自認已經達成目標的企業，很快就會停滯不前，失去活力。

快樂，不是來自目標的達成。真正的快樂，存在於追求目標的過程中。站在起跑點上，是一種幸福。無論在任何領域，我們都要不斷問自己：明天要怎麼做，才能比今天好？不斷探索的樂趣，也必將激發我們未來的靈感。從今以後，把「不可能」這個詞，從我們的字典裡刪除。

至於「經驗」，則必須謹慎以對。

經驗，是一切進步的煞車系統。很多人都會拿「經驗」，來做為自己不嘗試新事物的藉口。有時候，借助經驗是明智之舉。但當你需要借助經驗時，務必借助你「自己的」經驗。通常，這會比任何繁複的調查更好用。

身為人、身為IKEA同仁，我們必須一直追求進步。謙卑，是很關鍵的。

於公於私，謙卑對我們都很重要。在做人處事上，謙卑甚至有決定性的影響力。這意味著，我們不但要體貼與敬重我們身邊的人，也要有仁慈與寬大的心。不謙卑，意志力和實力會常常造成衝突；有了謙卑，意志力和實力就會是你的祕密武器。

請記住：**時間是你最重要的資源**。十分鐘，可以讓你做很多事。十分鐘，一旦過去，就是永遠過去了，你無法再把它追回來。

十分鐘，不只是時薪的六分之一，也是你人生的一部分。以十分鐘為一個單位，來區隔你的人生，然後盡可能別把它們浪費在沒有意義的活動上。

該做的事情還很多。讓我們繼續當個積極熱情的人，固執而堅決地拒絕「不可能」與「消極」。只要是我們想做的事情，我們一定能完成，也一定能一起完成。真是美好的未來！

國家圖書館出版品預行編目（CIP）資料

IKEA 的真相：藏在沙發、蠟燭與馬桶刷背後的祕密 / 約拿．史丹納柏 (Johan Stenebo) 著；陳琇玲譯．-- 初版．-- 臺北市：早安財經文化，2012.03
面；公分．--（早安財經講堂；54）
譯自：Sanningen om IKEA
ISBN 978-986-6613-48-7（平裝）

1. 坎普拉 (Kamprad, Ingvar-) 2. 宜家公司 (IKEA) 3. 行銷 4. 家具業 5. 瑞典

487.91　　101002971

早安財經講堂 54

IKEA 的真相

藏在沙發、蠟燭與馬桶刷背後的祕密

SANNINGEN OM IKEA

作　　者：約拿・史丹納柏 Johan Stenebo
譯　　者：陳琇玲
特約編輯：莊雪珠
封面設計：Bert.design
責任編輯：沈博思、劉詢
行銷企畫：楊佩珍、游荏涵

發 行 人：沈雲驄
發行人特助：戴志靜
出版發行：早安財經文化有限公司
台北市郵政 30-178 號信箱
電話：(02) 2368-6840　傳真：(02) 2368-7115
早安財經網站：http://www.morningnet.com.tw
早安財經部落格：http://blog.udn.com/gmpress
早安財經粉絲專頁：http://www.facebook.com/gmpress

郵撥帳號：19708033　戶名：早安財經文化有限公司
讀者服務專線：02-2368-6840　服務時間：週一至週五 10:00~18:00
24 小時傳真服務：02-2368-7115
讀者服務信箱：service@morningnet.com.tw

總 經 銷：大和書報圖書股份有限公司
電話：（02）8990-2588
製版印刷：中原造像股份有限公司
初版 1 刷：2012 年 3 月
初版 35 刷：2018 年 12 月

定　　價：350 元
I S B N：978-986-6613-48-7（平裝）